JN067973

昆虫カメラマン、
虫に恋して東奔西走

森上信夫［著］

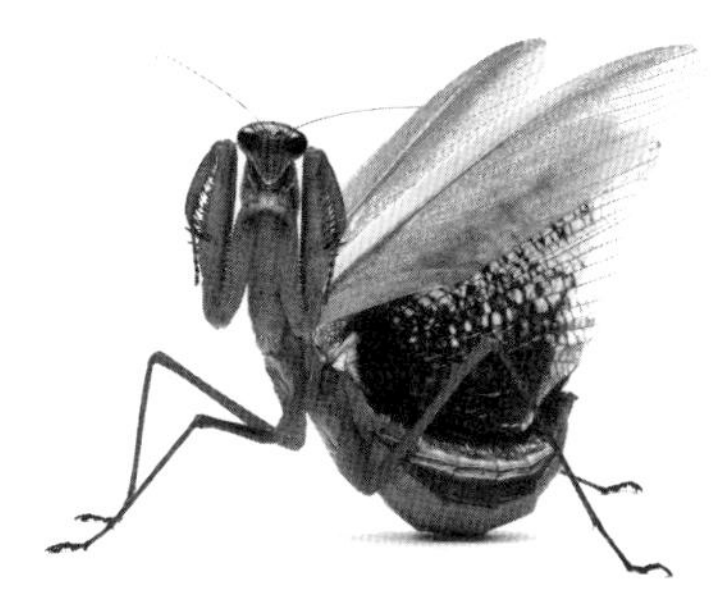

築地書館

はじめに

「昆虫カメラマン」というのは、お金にも名誉にもあまり縁のない大変に地味な仕事だが、その中でも日本でいちばん地味な存在がおそらくぼくだろうと思う。何といっても、普段はサラリーマンとして「お勤め」をしており、夜と休日だけのカメラマンなのだ。胸を張って「カメラマンです」とは名乗れないほどの身分だが、そんな中で、これまでに十二冊の本を出してきた。いつまでもぐずぐずと写真家として独立せずにいるから、仲間には「ヘタレ」と言われているが、返すことばもない。事実その通りだと思う。

出版社が昆虫の総合図鑑を出そうというとき、声をかけてもらえる人を「昆虫カメラマン」と呼ぶとしよう。図鑑は大変に多くの写真を必要とするから、一人や二人のカメラマンだけでは作ることができない。日本にいるほとんどの昆虫カメラマンの協力を仰ぐことになる。となれば、声をかけても

らえる「昆虫カメラマン」は、日本におよそ十数人いるということになるだろうか。ぼくも一応、その中に入ってはいるが、カメラマンだけの収入では生活できず、サラリーマンと兼業しているわけだから、なかなかきびしい世界だ。日本で十数人の中に入るといったら、サッカー選手ならば年収一億円以上の日本代表クラスだ。そんな乱暴な比較をしてはいけないかもしれないけれど、昆虫カメラマンがどれほど地味な仕事か、おわかりいただけると思う。最低でも日本でベスト10には入らないと、食べていくことさえできないのだ。

この本では、そんな地味な昆虫カメラマン業界でも、いちばん地味なぼくがあえてその日常を語ることで、世の中の「ヘタレ」と呼ばれるみなさんを少しでも勇気づけられたり、あるいは、人生の目標を語れずにいる人たちに、自分の興味のある分野で何か一つでもささやかな夢を持つきっかけにしてもらえたらと思う。なにしろ、昆虫カメラマンのような職種というのは、仕事の依頼がなくても「昆虫カメラマンです」と宣言した瞬間から、もうその道のプロなのだ。医者や美容師のように国家資格が必要な仕事とは異なり、参入のハードル自体は低い。ぼくも宣言はしたものの、サラリーマンは辞めず、兼業のまま本を出し続けているうちに、いつしか出版社の人にもちゃんとカメラマンとして接してもらえるようになった。そんなわけで、「ヘタレ賛歌」ともいうべき十三冊目の本が、こうして世に出ることになったのである。

もくじ

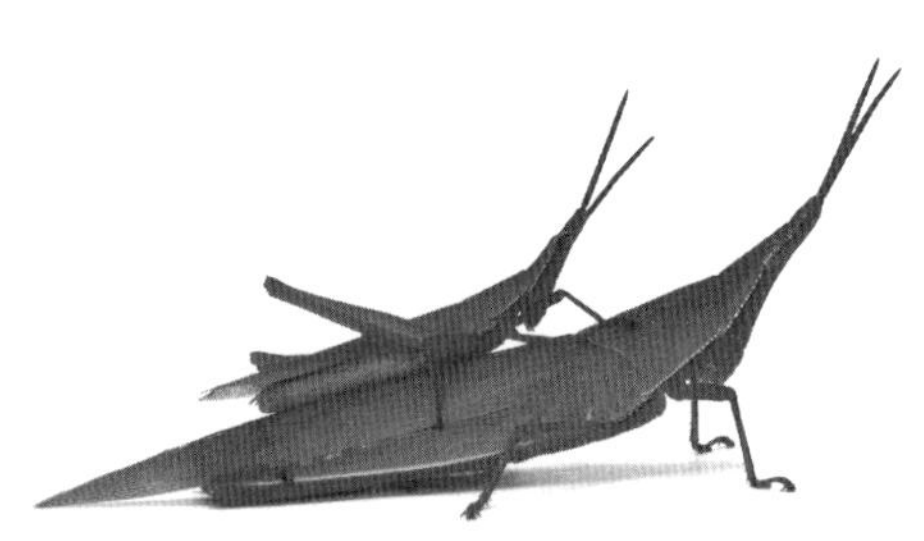

「時間の問題」こそ、大問題なのだ

「あとはもう、時間の問題だね」と言ったら、成功間近の、とてもハッピーな状態に思えるだろうか。しかし昆虫カメラマンの仕事場では、「時間の問題」こそが一番の大問題だと言ってよい。昆虫カメラマンは日々、「何か」を待っている。その待ち時間というのが、とにかく尋常ではないのだ。

昆虫の本を作る際に欠かせない写真が、脱皮や羽化（成虫になるための最後の脱皮）の連続シーンだ。科学的に意味があるというだけでなく、写真的にもドラマチックな場面で、本のクライマックスを飾るにふさわしい。しかし、相手はことばの通じない生きものであり、「いつ脱皮しますか？」「そろそろお願いしますね」というわけにはいかないから、お目当ての瞬間を、期待と不安の中でただひたすら待つことになる。オオカマキリの羽化をカメラの前で二十八時間待ち続けたことがあるが、その瞬間がいつ訪れるか、緊張感を維持したまま二十八時間を乗り切るのは、楽な体験ではなかった。

助手がいれば一人でがんばらなくてもよく、交替で眠ることもできるが、満足に稼げなくて兼業カメラマンをしているぐらいだから、助手など雇えるはずもない。二十時間を過ぎたあたりから、「早く！」「お願い！」「頼むから！」と半泣きの状態で、ぼくはオオカマキリに手を合わせていた。

同じ兼業でも、「兼業作家（小説家）」をうらやましく感じることがある。仕事の時間を自分でコントロールできるからだ。あの村上春樹さんも、駆け出しの頃は喫茶店経営のかたわら、店を閉めたあとの時間に小説を執筆していたと聞く。しかし生きもののカメラマンは、ことばの通じない相手に何もかも合わせる必要があり、仕事の時間をコントロールすることができない。「脱皮は明日にしてくれない？」「これから仕事に行くので、帰ってくるまで羽化しちゃダメだよ！」というわけにはいかないので、何もかも「昆虫の都合」に合わせなければいけない。「〇〇ファースト」ということばがはやりだが、あくまで「昆虫ファースト」の姿勢で臨まなければならないのだ。

徹夜撮影を終えた翌朝、ぎゅうぎゅう詰めの満員電車に乗って出勤するのは本当につらいが、それでも、撮影が成功したときはまだいい。一番つらいのは徹夜したあげく、虫に何も動きがなく撮影できなかった場合だ。満足感ゼロのまま、帰ってくるまでに羽化や脱皮が終わってしまわないだろうかと気をもみながら、疲れた体を引きずるようにして家を出なければならない。そして、そんなときはたいてい、留守中に羽化や脱皮が済んでしまうのだ。撮影の締切を守るためには、もう一度モデルの

羽化するオオカマキリ

ぼくを28時間待たせたオオカマキリ。本種以外でも、オニヤンマやオオムラサキのような大型の昆虫ほど周囲の状況を慎重にうかがっており、人間が見ている間はなかなか羽化しないという説がある。ぼくもその通りだと思う。

昆虫を大急ぎで見つけ出し、徹夜待機を最初からやり直さなければいけない。昆虫カメラマンにとっては、まさに「時間の問題」こそ、大問題なのだ。

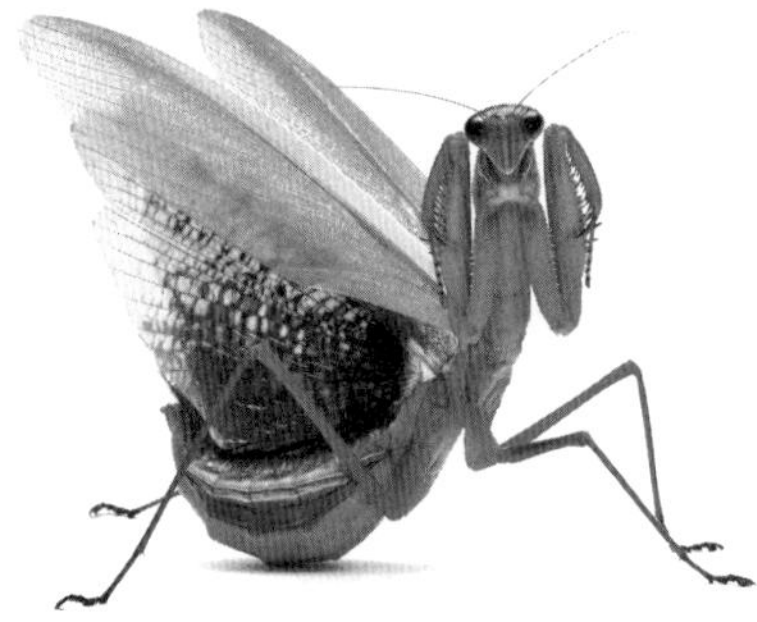

昆虫カメラマンの住所録

昆虫カメラマンは、いつも締切のプレッシャーと戦っている。たった一度しかない撮影チャンスにしくじると、次のチャンスは一年後という場合もあり、そうなると予定通りに本が出版できずにカメラマンとしての信用を失ってしまうからだ。専業のカメラマンでも締切に苦しむぐらいだから、ぼくのように夜と休日しか撮影時間のない兼業カメラマンは、なおさら締切がこわくて仕方ない。昆虫の本には、「一巻〜十巻まで同時発売!」といったシリーズものも少なくないが、「撮影できなかったので、ぼくの巻だけ発売を延期してもらえませんか?」というわけにはいかないから、時間のハンデがある中で、何としてでも撮影を成功させなければいけない。

そんなわけで、ぼくは当面の撮影に必要な昆虫を自宅でたくさん飼っている。モデルが多いほうが、しくじったときにやり直しのチャンスが拡大するからだ。首都圏(神奈川県)の住宅街に住んでいると、モデルの昆虫を野外から調達することが難しいので、自宅マンションのベランダにはたくさんの鉢植えや飼育ケースが並ぶことになる。鉢植えは、葉を食べる虫の好みに合わせて、エノキ、クチナシ、コナラ、サンショウなど二十七鉢、飼育ケース内で飼っている虫は、タガメ、タイコウチ、マツモムシ、オオコオイムシ、オニヤンマのヤゴ、ルリボシヤンマのヤゴ、カブトムシ、コカブトムシ、オオクワガタ、ノコギリクワガタ、コクワガタ、クロゲンゴロウ、ヒメゲンゴロウ、コガムシ、クロオオアリと十五種類もいる。これだけ多くの鉢植えと飼育ケースをベランダで集中管理するとなると、ほとんど昆虫展示施設のバックヤードなみの密度である。洗濯物を干すこともできないので、わが家はもっぱら乾燥機に頼りきりだ。

先輩の昆虫カメラマンには、田舎に家を建て、庭と、それに続く周囲の森が一体化して、まるで巨大な飼育施設の中で生活しているような人もいる。ぼくのようにせまいベランダに飼育ケースを並べる必要もなく、うらやましい限りだが、田舎には出版社が存在しない。昆虫の本を出す出版社は、ほとんどが大都市にある。昆虫カメラマンは、撮影した写真を本などの形にすることで、初めてお金をもらえるわけだから、都会から離れることで取引先が遠くなってしまうのは、これはこれで商売が非常にやりづらくなってしまうのだ。だから、田舎に住んでいる昆虫カメラマンはいずれも一流の人ばかりだ。都会から遠ざかっても、出版社のほうから訪ねてきてくれるという自信のある人だけが、田

自宅ベランダの昆虫園

鉢植えと飼育ケースが並ぶベランダ。飼育ケースの上には、日光の直射を避けるために、厚みが1 cm 以上ある板が載せてある。

舎を拠点にできる。昆虫カメラマンの住所録を見ると、シティボーイ（?）が、明らかにカントリーボーイに押されているという現実がある。

ぼくのように、出版社とも勤務先とも離れることのできない兼業カメラマンにとっては、田舎に家を建てることなど夢のまた夢だが、当面は首都圏に住んで、ベランダの「マイ昆虫園」と、休日に車で遠出をする、というスタイルでがんばるしかない。たまの休日が雨でつぶれないように、天気予報が気になって仕方がないという生活が、まだ当分は続きそうだ。

声もかれるホタルの撮影

「虫が大キライ！」という人でも、「ホタルはどう？」と聞かれると、「好き」と答えたり、「一度は見てみたい！」と目を輝かせたりする。こんなにイメージのよい虫もめずらしく、日本人にとって、ホタルはちょっと特別な存在のようだ。

ゲンジボタルの群れ飛ぶ川は「観光スポット」にもなるほどで、虫の中にも観光客を呼べるようなスターがいるというのは、わがことのようにうれしく感じる。みなさんは、「ホタル狩り」ということばをご存じだろうか？　「狩り」と言っても、つかまえることではない。ホタルの光を観賞することを、昔からそう呼ぶのだ。子供の頃に多くの人が口ずさんだ「ほー、ほー、ほーたるこい」（ほたるこい）という童謡なども、ホタルが日本人に愛されてきた歴史の中から生まれたものと言えるだろう。

昆虫を愛する者にとって、こうしたホタル人気は大変喜ばしいことだが、ゲンジボタルの飛び交う水辺がどこもかしこも観光名所のようになってしまうと、見物するお客さんの存在が撮影を難しくすることも少なくない。平日に行けばお客さんは少ないだろうが、あいにくぼくも平日は「お勤め」があって、夜とはいえ遠方まで撮影に出かけていくことはできない。そこは観光客と一緒で、休日に行くしかないのだ。

ホタルは光で仲間と交信する虫だから、ホタルに好まれる水辺は外灯もなく、ほとんどが真っ暗な環境だ。そんな中に、時には百人以上ものお客さんが来て見物しているわけだから、「足を踏まれた」とか、「押さないで！」という声が上がり、蹴とばされるのがこわくて、うかうかとカメラの三脚も立てられない。というわけで、ぼくは周りが見える夕方のうちに長靴を履いて川に入り、川の中州や浅瀬に三脚を立てて夜を待つのだが、初めてゲンジボタルを取材したときは、そこから先に何が起きるかをまったく予想しておらず、撮影は大失敗に終わった。

真っ暗な世界で、ほのかに光る虫を撮影するわけだから、明るい昼間に、パシャッ！と一瞬で撮影を終えるようなわけにはいかない。長い時間をかけて光を写し止めるため、一枚の写真を撮るのに何分もかかってしまう。やがて暗闇の中をたくさんのホタルが飛びはじめ、撮影をスタートさせた直後、ピカッ！と何かが光り、ぼくはその場で固まった。カメラのフラッシュだ。見物客の一人が、ホタル

川面を群れ飛ぶゲンジボタル
声をからしてようやく撮影できた１枚。昆虫の取材現場に大勢のギャラリーが詰めかけるという状況は、ホタルの撮影だけである。

を写そうとしたのだ。フラッシュを使ってもホタルの光は写らないのだが、暗いところでは勝手にフラッシュが光ってしまうカメラも多いらしい。ぼくのカメラは弱い光を写し止める設定にしてあったので、強いフラッシュ光が、撮影を一瞬でダメにしてしまった。もう一度、初めからやり直しだ。ところが、その後も、ピカッ！ピカッ！がいつまでもやまない。そこら中で光るので、どうすることもできない。ぼくは川の中で夜空を仰ぎ、その晩の撮影が失敗に終わることを、この時点で確信していた。

ところが、それで終わりではなく、まずいことはさらに続いた。フラッシュが光るたびに、川の中にいる何者かの姿が一瞬浮かび上がる。「きゃあ！　誰かいる！」女性が悲鳴を上げた。驚いた見物客がいっせいにライトをつけ、ぼくは無数の光線に取り囲まれた。（こ、これは恥ずかしい！）騒ぎに気づいた警備の人まで駆けつけてきて、ひときわ明るい業務用のライトでぼくを照らす。地味に生きてきた一般人が、急に芸能人なみのスポットライトを一身に浴びることになり、ぼくは警備員が話しかけてくることばもほとんど聞き取れずに、立ちつくしたまま半分気を失っていた。

その後、ゲンジボタルの撮影は、うまくいくようになった。どうすればよいか、ぼくも知恵を絞って作戦を立てたのだ。「周りが見える夕方のうちに川に入り、川の中州や浅瀬にカメラの三脚を立てて夜を待つ」。ここまでは同じだ。では、どこが変わったのか？　ぼくは、日が暮れて見物客が集まり始めると、まずはライトを自分に向けて存在を示し、自己紹介した上で、観光ガイドよろしく、ホタルの解説をすることにしたのだ。「フラッシュをたかないでください！」なんて、一方的にお願いするだけではやっぱりダメだ。「この人の言うことを聞いてあげよう」と思ってもらうには、どうにかして心の距離を縮めなければいけない。

「……ゲンジボタルには〜、東日本型と西日本型がいま〜す！　どこが違うか、みなさん、わかりますかあ？　ゲンジボタルは、みんないっせいに光って、いっせいに消えるでしょう〜？　ここ東日本では、それが四秒に一回ですが、西日本では二秒に一回、光りま〜す！　ホタルの世界でも、やっぱり関西人のほうが、おしゃべりでしょ〜？」

暗闇の中から笑い声が聞こえてくればしめたもので、「え〜、カメラのフラッシュは……」と続ける。しかし、見物客も入れ替わるので、撮影が終わるまでは、のべつまくなし、大声を出していないといけない。お客さんから質問があれば、それにもちゃんと答える。流れの音に負けないように、川の中から岸辺にいる人たちに届く声を出し続けるのは、けっこうな重労働だ。

ホタルの撮影で声がかれちゃうってどういうこと？　と思った人もいるかもしれないが、そういうわけで、ぼくはむかし撮影したこのホタルの写真を見るたびに、今でもあのときのヒリヒリとしたあの痛みを思い出すのだ。

「虫屋」とは？

ある特定の分野を愛する人を、「○○愛好家」と呼ぶ。昆虫を愛する人なら、「昆虫愛好家」と呼ばれるのが自然だろう。ところが熱烈な昆虫愛好家は、自分自身や仲間を「虫屋」と呼ぶ。「虫屋」なんて、まるで虫の売り買いをしているお店のようだが、この「○○屋」という呼び方には、○○を「愛し過ぎてしまう人」、という意味が込められている。山登りをする人の世界にも「山屋」ということばがあるが、これには、山に登るためには、ほかのことを何もかも犠牲にし、「山にのめり込み過ぎて、ときどき困ったことになる人」という意味合いが含まれている。「虫屋」といえば同じように、「虫を愛するあまり、人生が少々困ったことになっている人」を指すわけだ。「オタク」も、これに近いイメージのことばだろう。

昆虫は非常に種類が多く、名前がついているものだけでも百万種ぐらいいる。あまりにも数が多いので、虫全体を愛し過ぎてしまうと、いよいよ人生が大変なことになってしまうため、特に愛する虫が決まっている場合は、「チョウ屋」とか「クワガタ屋」、「トンボ屋」というように、細かく分けて呼ぶことも多い。「チョウ屋」ならば、愛を注ぐ相手が何かわかりやすいが、チョウの中でも、シジミチョウだけ、さらにその中の「ミドリシジミ類」だけに特別な愛情を注ぐ人を、ミドリシジミ類の昔の属名「ゼフィルス」から「ゼノ屋」などと呼び、こうなるともう、昆虫に興味のない人には、愛するものが何であるかサッパリわからない。

「蛾屋」の中でも、特に小さな「小蛾類」(＝ミクロガ)を愛する人は「ミクロ屋」、また、新種の発見のために日々昆虫を解剖して、生殖器(＝ゲニタリア)の形の違いを見比べることに情熱を注ぐ人を「ゲニ屋」などと呼び、このレベルまでいくと、もはや世間の人々には到底理解できない世界だろう。「ご趣味は?」「はい、ゲニ屋です」。お見合いの席でこんなことを言う男には当分、良縁に恵まれる日は来ないに違いない。

競技人口の少ないスポーツ種目では、選手同士、とても仲がよいと聞く。虫屋の世界にも、これと似たところがある。まず虫屋そのものが少数派。その中の、さらに少数派である「○○屋」たちは、みんなひどく仲がよいことが多い。「競技人口」が少なすぎて、限られた仲間以外とは、そもそも会話が成立しないのだろう。

地味な虫にカメラを向ける虫屋たち
撮影中の腹這い姿勢が誤解を招き、体調を心配した善意の市民に通報されてしまったという話を聞いたことがある。虫屋としての「前のめり」は、世間における「行き倒れ」と同義であることを、虫屋たちはもっと自覚しなければならない。

ぼくなどは、虫の写真を撮る仕事をしているくせに、胸を張って「〇〇屋」と名乗れるような得意分野がない。そのコンプレックスの裏返しで、「〇〇屋」と呼ばれる人を、ひどく尊敬している。深い知識を持ち、人生を賭けて何かを愛せるだけの情熱を持ち続けられるというのは、本当にすごいことだと思う。「昆虫愛好家」になるには、自分がそうなりたいと望むだけでよいが、虫屋の中の、さらに「〇〇屋」になるところまでいくと、それはもう、個人の意志を超えた「宿命」なのではないかという気もする。初めに書いたように、虫のせいで、たとえば奥さんに逃げられたり、会社を辞めさせられてしまったりと、「人生がちょっと困ったことになっている人」も少なからずいるのだが、個性的でロマンチストで、キテレツで一途な、その実態は愛すべき人たちばかりである。

ところで、「虫屋」と同じように、鳥の世界には「鳥屋」がいる。では、さかなの世界では、何と呼ぶのだろうか？ 「さかな屋」？ それでは、意味がまったく変わってしまう気もするのだが……。

ぼくはなぜ「白バック写真」が上手か？

サラリーマンとしてのぼくの仕事は、大学の事務職員である。なぜこの仕事を選んだのか？　それは、大学の夏休みは二か月近くもあって、その長い休みの間は、職員も出勤せずに「虫ざんまいの夏」を送れると思っていたからだ。実際には、学生は休みでも職員は出勤しなければならず、ぼくのもくろみは見事にはずれてしまったが、よく考えてみれば、二か月も続けて休めるお勤めなど世の中にあるはずもない。ぼくがあまりにも世間知らずだったということだ。

さて、最近の昆虫図鑑でよく使われる撮影手法に、「白バック写真」というものがある。ひと昔前までは、虫が、木や草や花に止まっている生態写真が一般的で、そうでない写真は、標本写真しかなかった。生きている虫の写真には必ず背景があり、背景のない（背景が真っ白な）写真は、死んだ標本を写したものだけだったのである。自然の中にいる昆虫にカメラを向けると、生命感や躍動感あふれる写真が撮れる半面、しばしば保護色などで虫が背景に溶け込み、必ずしも輪郭まで鮮明には写らない。かといって、死んだ標本の写真では、形ははっきり写るものの、トンボや蛾（が）などは、生きているときの色や姿勢とはイメージが違いすぎる。「白バック写真」とは両者の中間に位置するもので、生きている昆虫を白い背景の中で撮影した、いわば「生きた標本写真」と言ってもよい。みずみずしい色や生命力を感じさせる生態写真と、輪郭や細部をシャープに見せる標本写真の「いいとこ取り」を実現した撮影手法なのだ。

ぼくは昆虫カメラマンの中で、この「白バック写真」の撮影が上手な方だと思っている。白バック写真主体の本を、これまでに四冊も出しているほどだ。しかし、正直に言えば、白バックの昆虫撮影が楽しいと思ったことは一度もない。虫を家に連れて帰り、室内で白い紙の上に置いて撮るわけだが、イモムシやクワガタムシならともかく、チョウやバッタなどが、紙の上に置かれておとなしくしているわけがない。じっとしていることをいやがって部屋の中を飛びまわり、跳ねまわって、何かにぶつかると、はねが折れたり、あしがもげたりして、こうなるともう「生きた標本写真」のモデルとしてはあまりにも不都合な姿になってしまう。撮影が失敗に終わるだけでなく、愛する昆虫を傷つけてしまうという二重のショックを受けることになり、白バック写真の撮影は、いつも胃がキリキリと痛むような緊張感で、楽しさを感じる余裕などまったくないのが実情だ。「やはり野に置け　蓮華草（れんげ）」ということばがあるが、昆虫も本来の活動の舞台である野外で撮ってこそ、わくわくするもので、白い紙の上での撮影では、決して幸福感は得られないのである。

それでも、ぼくはさまざまな試行錯誤をくり返し、あの虫はこう、この虫ならこうと、紙の上で虫の動きを止め、おとなしくモデルになってもらうコツをつかみ、多くの白バック写真を発表できるようになった。

なぜ、楽しくもない白バック写真にそこまで執着し、この手法を、カメラマンとしての自分の持ち味と言えるまでに上達させることができたのか？　それは、兼業カメラマンとしてのぼくの生活スタイルによるものだ。サラリーマンは、平日は「お勤め」があるので、たまの休日にしか外に撮影に行けない。待ちかねた日曜日が雨だと泣きたくなるが、梅雨どきには、日曜日が四回続けて雨になったこともある。日曜日にはマンションの理事会や親戚の法事などもあって、ぼくが野外で撮影できる日数は、数えてみたら年間で四十日にも満たないのが普通である。これでは、年間三百日以上も野外撮影しているフリーのカメラマンに、生態写真で対抗できるわけがない。

ところが、平日でも勤務を終えて帰宅後に室内で撮影できる白バック写真は、サラリーマンとの兼業であってもハンデがない。兼業カメラマンが「ここだけは絶対に負けてはいけない分野」とも言えるだろう。ぼくは覚悟を決め、楽しくもない白バック写真を自分の持ち味にしようと努力したのであ

オオスズメバチの白バック写真
オオスズメバチらしさが表現できたお気に入りのカット。世界一大きなスズメバチが日本にいることを誇りに思う。

る。そういえば、日本でいちばん昆虫の白バック写真がうまいとぼくが思っている人も、やっぱり昼間は「お勤め」を持つ兼業カメラマンだ。彼が本を出すたびに、ぼくは「う〜ん、また腕を上げたな……」と刺激を受け、自分も負けないようにがんばらなければと思うのである。

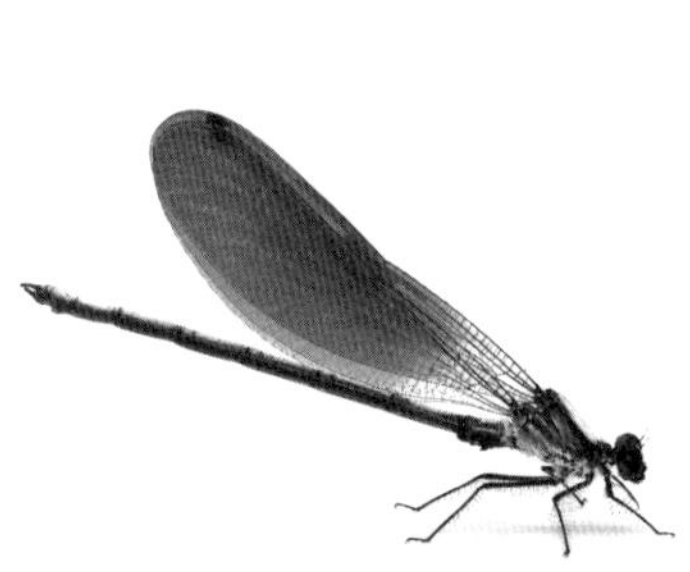

楽しい害虫駆除業務

ぼく以外にも、サラリーマンとして「お勤め」を持つ昆虫カメラマンが日本には少なくとも二人いる。しかし、そのお二人の勤務先は昆虫館で、兼業であることがむしろプラスになっている面も多く、ぼくに言わせれば、こんなのはもう、ほとんど「反則」に近い。二人とも「仕事が大変で……」などとおっしゃるのだが、愛する昆虫の普及活動という仕事の中で起きることだったら、少しぐらい大変でも、笑顔で乗り切れるじゃないか？　と思ってしまうのだ。ぼくの職種は基本的に昆虫とは無縁だから、昆虫館勤務なんてあこがれの職業で、業務として一日じゅう虫を見ていられるなんて、あまりにもズルい。そんなうらやましい境遇にいながら愚痴をこぼしたらバチが当たるぞ……と思ってしまうのである。

ところが、大学の事務職員にもたった一つだけ昆虫と関われる業務がある。大学の構内に植えてある樹木や花壇の維持管理をする「植栽管理」という仕事があるのだが、その中に、「害虫駆除」という業務が存在するのだ。「虫を退治する係」であるから、虫との関係性はいささか不本意な形にはなるが、どうせ誰かが虫を退治しなければいけないのなら、愛する虫たちを手にかけるのは、他ならぬぼく自身でありたい。いくぶん悲壮な覚悟で、ぼくはこの業務を担当することを引き受けたのである。

ところが、この仕事が意外にも楽しかった。自分で大学構内を自由に歩き回って樹木の点検をしながら「害虫」を探すのは、ほとんど昆虫採集そのものだし、「教室にハチが入ってきました！　学生がパニックを起こしています！　すぐ来てください！」なんていう、小躍りしたくなるような内線電話が、三百人もいる職員の中からわざわざご指名でぼくのところにかかってくるのである。そんな連絡を受けると、ぼくは（オオスズメバチかな？　キンケハラナガツチバチかな？　あこがれのルリモンハナバチだったらどうしよう！）と、わくわくしながら現場に駆けつけるのだが、「駆除のため」の虫捕り網を肩にかつぎ、大学構内を踊るように疾走しているぼくを見て、副学長に呼び止められたことがあった。

「森上くん、それ、仕事ぉ？　趣味ぃ？」と、にやにや笑いながら話しかけてこられたが、よっぽど、ぼくがウキウキしているように見えたのだろう。「網をかついで笑顔で爆走」なんて、とてもじゃないが、大人がちゃんと仕事している姿には見えない。もしこれで半ズボンでも穿(は)いていたなら、ほと

◀網をかついで現場に急行
右手に網を、左手にタッパー容器を持ち、腰にはカメラポーチをぶら下げているが、大学職員がみんなこんな恰好で仕事しているわけではない。

▼タッパー容器で捕らえたオオスズメバチ
ぼくは毎年100個以上のタッパー容器を買うが、食品を入れるのは2個ぐらいで、それ以外のタッパーには虫が入ることになる。

んど夏休みの小学生である。副学長は、ぼくが虫を好きであることも、また害虫駆除の業務を担当していることも知っていたので、ぼくを軽くからかったのだろう。「それ、仕事ぉ？　趣味ぃ？」というにやにや笑いに、ぼくも、「どっちだと思います～？」とにやりと笑って返したが、いじられて悪い気はしなかった。

教室に到着すると、四センチほどもあるオオスズメバチが窓辺をブンブン飛び回っていた。教授と学生たちは廊下に避難しており、こわごわと教室内をうかがっている。室内に迷い込んできたハチはたいてい明るい窓辺に行くので、窓ガラスの表面をすべるように飛んでいるオオスズメバチをしばらく目で追い、ハチが高度を下げた瞬間、網など使わずに直接タッパー容器に追い込み、その一秒後にはフタを閉めて「駆除」を完了させた。

パチパチと音がしたのでふり返ると、教授と学生がいっせいに拍手をしてぼくの「偉業」をたたえている。「ありがとうございました！　命がけのお仕事ですね」と教授が言い、外国人学生は、大げさに「マジシャン！（手品師のようだ！）」と言って感心している。タッパーをかぶせてオオスズメバチを捕らえることなど、ぼくにとっては朝飯前なのだが、これだけ感心してもらえると、なかなか気持ちがよい。まるで「掛け算九九」ができただけで、「すごいですね！」とほめられたような心境だった。

当初は、「害虫と内通しているような男に、害虫駆除をまかせてよいのか?」なんていう批判的な声もあったのだが、どの木に、いつ頃、どんな害虫が発生するのかをすべて把握し、「駆除」の手ぎわも「マジシャン」なみであったことから、クビにもならずに、人事異動があるまでは数年にわたってこの楽しい業務を担当させてもらうことができた。

「駆除お願いします!」という内線電話は、ぼくにとっては「天使の甘いささやき」に聞こえる。教室で「駆除」したオオスズメバチは自宅に連れて帰り、スタジオで二時間かけて撮影した渾身の白バック写真が、やがて『散歩で見つける 虫の呼び名事典』(世界文化社)の一ページを飾ることになる。

昆虫カメラマンの仕事

さて、ここまで大した説明もせずに「昆虫カメラマン」ということばを使ってきたが、具体的にはどういう仕事なのか、もう少していねいな解説が必要かもしれない。職業人口という観点から見れば、「ひよこ鑑定士」や「忍者」より、「昆虫カメラマン」の方がずっとレアな存在とも言えるだろう。仕事内容が世間に十分認知されていないのも当然である。

昆虫カメラマンが撮影した昆虫の写真は、花や風景などのいわゆる「芸術写真」とは異なり、額装したプリントをお客さんが直接買い取ってくれることはない。取引先は出版社や報道機関などで、ほとんどの場合は買い取りではなく、写真を貸し出して使用料を取るという形で商売が成り立っている。こうした仕事は基本的には受け身のもので、「○○の写真、ありますか?」という連絡が来るのを待つしかない。外来種などをいち早く撮ると、ただちにオファーが舞い込む場合もある。報酬は、写真の貸し出し点数に応じて一点いくらで使用料を取る場合と、ページ単価の場合とがある。前者の方が単価は高いが、後者の方がまとまった分量の仕事になる場合が多く、どちらがより「おいしい」仕事かは、一概には言えない。

さらに一歩踏み込んで、「○○を撮ってください」という特撮（特別撮影）の依頼を受ける場合がある。子供向けの月刊絵本誌の仕事が多いが、「八月号のテーマはカブトムシです。全ページ撮影をお願いできますか？」といった一号分丸ごとの撮り下ろしを請け負うと、サラリーマンの一か月分の給料に匹敵する報酬額が支払われる。請け負い撮影の場合は、絵コンテを渡され、その絵柄に忠実に撮らなければならないことが多い。こうした「絵柄指定」の仕事を嫌がる人もいるが、ぼくは長年サラリーマンをやっているせいか、絵柄指定は勤務先の業務命令と同じで、まったく抵抗はない。フィギュアスケートで言えば、課題への対応力を問われる「規定の演技」（ショートプログラム）で結果を出すようなもので、こうした仕事から学ぶところも大きい。編集者は撮影難易度にはお構いなく、自分の欲しい写真をリクエストしてくるので、絵コンテに応える努力の中で実際に腕が磨かれるケースも多いのである。

こうした「規定の演技」に対し、「フリーの演技」とも言うべきものが、自分から売り込む出版企画である。自分が著者となる仕事で、自分名義の本が世に出ることの達成感は抜群だが、写真の使用単価としては最も安い仕事となる。どんなに高くても本の定価の十パーセント程度の印税が支払われるだけで、一冊の本の中で写真を十点使おうが、百点使おうが、もらえる金額はまったく変わらない。ひと昔前まで、印税率は十パーセントというのが相場だったが、押し寄せる出版不況の波とともにじわじわと下降し、今は八パーセントや、時には六パーセントという場合も見かけるようになった。六パーセントの場合は、出版社の方もさすがに申しわけないと思うのか、重版（＝増刷）分からは率が急にアップするという変則契約になることもある。

ぼくは兼業しているので、印税率や報酬額には鷹揚だろうと思われているふしがあるが、実際にはむしろ、うるさいほうかもしれない。これは、ぼくがデビューしたての頃に、先輩の昆虫カメラマンに「森上くん、絶対にダンピングしてはいかんぞ！」と、酒の席で懇々と説教されたことに起因するのだが、その理由は、「業界の価格体系が壊れるから」である。ぼくは給料だけでも十分生活できるので、ぼくがダンピングして値下げ合戦に持ち込むと、フリーのカメラマンは誰もぼくには対抗できない。負のスパイラルを起こすと、昆虫写真界で厄介者の烙印を押されてしまう。「価格破壊者になってはいけない」、「それはやがて自分の首を絞めることになるぞ」、という先輩からのありがたい忠告だった。ぼくは今もそれを忠実に守っているのである。

ある別の分野の生きものを撮るカメラマンに、「虫の人たちは、みんな仲がよくてうらやましい

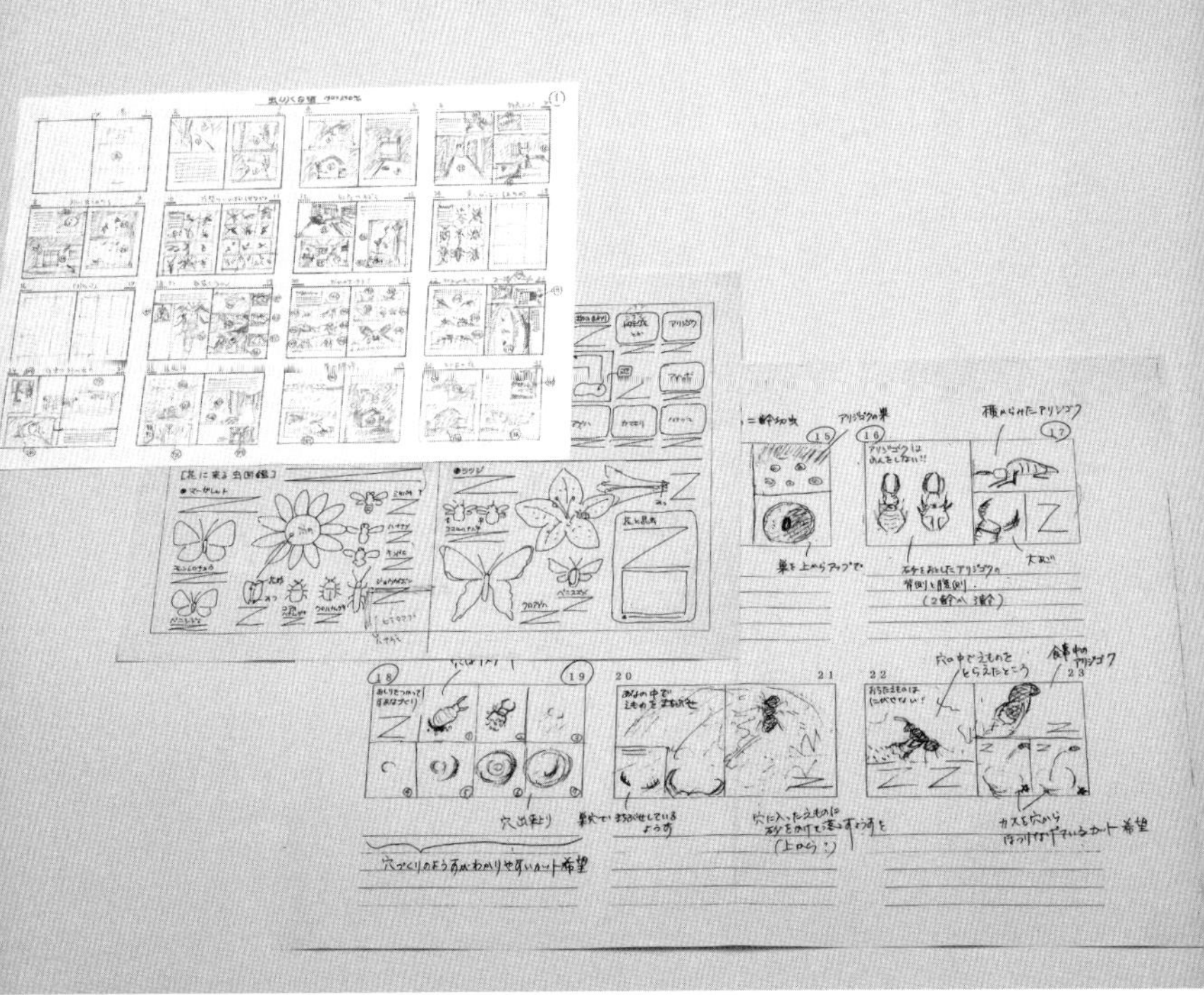

編集者から渡されたさまざまな絵コンテ

同じような絵が淡々と並んでいるだけに見えるが、ときどき、とんでもなく撮影難易度の高いものが混じっていることがある。絵コンテを受け取ると、急ぐもの、長い時間がかかるもの、技術的に困難なものなどをその日のうちに峻別して優先順位をつけ、締切から逆算して撮影計画を立てていく。

ね」と言われたことがある。そのカメラマンの世界では、「派閥があったり、ほかにもいろいろあってね……」と、ため息まじりに嘆いておられたが、それが本当かどうかぼくは知らない。しかし昆虫カメラマン同士が仲がよいというのは本当だと思う。ぼくも基本的にこの世界に嫌いな人はいない。先に述べた、ぼくに説教をした先輩も、デビューほやほやのぼくが業界で浮かないように、心構えを教えておこうとしてくれたわけである。

自然を撮影対象とする写真家業界に共通する特徴だが、昆虫カメラマンの世界もなかなか代替わりしない（四十代までは「若手」と呼ばれる）。それは、「むかし撮った写真の内容が、いつまでも古くならないから」である。グラビアアイドルを撮るカメラマンは、昭和のアイドルの写真でいつまでも稼ぐわけにはいかない。戦場カメラマンは、戦争が終結すると作品の価値は歴史的なものへと転換し、即時性のない過去のものとなっていくだろう。しかし昆虫の写真は、オニヤンマの羽化のプロセスはいつの時代も変わらないし、カブトムシとクワガタムシの戦いも、過去から変わることなくずっと同じように行われている。百年たっても、クワガタムシが大外刈りをマスターすることはないのである。

むかしの写真がいつまでも古くならず、一方、ストックは増えていくばかりなのだから、ベテランがいつまでも引退せず、代替わりが進まないのも当然だろう。そんなわけで、先の貴重な忠告をしてくれた恩人である先輩に、ぼくは別の酒の席では「そろそろ引退していただけないでしょうか?」と、とんでもないことを口走ったらしい。一緒に飲んでいた同年代の昆虫カメラマンに、「森上、○○さんに失礼なこと言ってたぞ」とあとで聞かされたのだが、「俺も尻馬に乗って、そろそろ引退を……と一緒に頭を下げたんだけどさ（笑）」だそうで、ぼくはあまりにもバツが悪く、しばらくの間、その先輩を避けてコソコソと立ち回らねばならなかった。ちなみにその先輩は、それから二十六年たった今もなお、バリバリの現役である。

大きなプロジェクトは、同時にやってくる

心身を酷使するような大きなプロジェクトは、運悪く重なるものなのだろうか。昆虫写真家として、めったにないような大型受注をしたその年に、ぼくは「激務すぎて危険」と言われる部署に人事異動となった。その大型受注とは、のちに百万部以上（※）を売り上げることになる昆虫図鑑の撮り下ろしであり、激務の部署とは、大学が新しく学部や大学院を立ち上げる際に臨時召集されるタスクフォース（特別部隊）である。

図鑑の撮影で忙しくしていた盛夏、八月一日付でまさかの人事異動が発令され、学長から手交された辞令に、ぼくはめまいを覚えた。文部科学省への新学部・新大学院の設置申請は大学の事務職員として最もヘビーな仕事であり、過去にはこの仕事で体を壊した人が何人もいると聞かされていた。特に今回は、大学院から学科まで合わせて七つを同時に立ち上げるという過去に例のない大型プロジェ

クトで、「誰か一人ぐらい、入院しちゃうかもね……」と、周囲からも冷やかし半分に慰められていた。「だよなぁ〜！」と軽く笑い飛ばしながら、ぼくは内心、それは自分かもしれないと思って引きつっていた。図鑑の撮影だけでも、連日の徹夜が続いていたからである。

むかし、栄養ドリンクのＣＭソングに「二十四時間戦えますか」というのがあったが、まさに二十四時間を使い切らねば仕事が回らないという戦いの日々が始まった。誰か入院しそうだというのは、あくまでも外野席からの無責任な下馬評であって、ぼくは絶対に倒れてはならない。図鑑の撮り下ろしはのちの大きな評価につながる大変に名誉な仕事であったし、何としてでも、二つのプロジェクトを両方とも成功に導かなければいけない。申請書類の提出期限は翌年の六月であり、そのおよそ二か月後が図鑑撮影の締切だった。

新学部の設置申請という仕事は、ヤギの群れでもゲップが出そうなほど大量の書類を取りそろえて文部科学省に提出するというものである。よその大学や研究機関から教授を招聘し、さらに自薦他薦の教員志望者などから最終的な教員候補を決め、いかに立派な研究者であるかを文部科学省にアピールする。その書類作成が、ぼくに課された最も重要な任務だった。大学の教員になるには、意外なようだが教員免許は要らない。すでに学部が存在する場合、その学部の教授会が「いらっしゃい！」と招けば、誰でも大学の先生になれるのである。しかし新規に学部を立ち上げようという場合は、教員候補者の適格性を判断できる母体がその大学内にはないと見なされ、文部科学省が組織する審議会が教員としての適格審査をすることになる。これがなかなか厳しいのである。

すでにある学部の教授会が新しい先生を招聘する場合、極端なことを言えば「○○先生のお友達でしたら、ぜひウチに！」でも済んでしまう。しかし、文部科学省が適格審査をする場合は、忖度も談合もなく、過去の実績を細かく細かく審査され、実力不足と見なされれば、「あんたは大学の教壇に立っちゃダメ！」と、悪魔も落涙するような冷酷なダメ出しを受けることになる。名実ともに実績がある先生ばかりなら苦労はないが、他大学から引き抜いた先生の実績が意外にも貧しいと、うわー、やばい人に声をかけちゃったな……ということになり、そこからがぼくの腕の見せどころになる。「著書や論文が少なすぎますね。まだ間に合うので、今からすぐにでも書き始めてください」なんて耳の痛いことも言わなければならない。

大学という組織では、教員と事務職員は、武士と農民ぐらいの身分の差があるので、あくまで失礼のないように、こちらは「下から」行かなければならない。陰では、「あんな先生、連れてきたの誰だよ〜！」なんて暴言も吐いていたが、とにかく業績を整えて文部科学省の厳しい審査に耐えるように書類作成しなければならないのだから、毒づいていたって仕事は終わらないのである。

毎晩、深夜まで残業し、帰宅時には日付が変わっている。そのまま布団に直行したいところだが、

羽化するカブトムシ

ああ間に合った、よかった、助かった！　背広姿のまま、万感の思いで撮影した1カット。

撮影もぼくを待ってはくれなかった。働き方改革とか、ブラック企業なんてことばが日々聞こえてくる昨今だが、兼業して日常をブラックにしているのは自分自身なのだから、誰にも文句は言えない。裏表、人の二倍働いていたので倒れました、という言いわけは、大学に対しても出版社に対しても、何の免罪符にもならない。ぼくはこの時期、職場のトイレを使う際も、個室に入る場合は必ず和式を使っていた。楽な姿勢で洋式トイレの便座に腰かけると、秒の単位で寝落ちしてしまうからである。

いよいよ書類の提出が秒読みとなった翌年の六月、図鑑撮影の忙しさもピークを迎えていた。日本では、学校の夏休みのイメージから八月が夏の象徴のように思われているが、昆虫の世界では、夏至のある六月こそ夏を象徴する月である。「ウスバカゲロウ」（アリジゴクの成虫）がまゆから出て羽化する場面が撮れずに、ぼくは苦しみ抜いていた。まゆを紡ぐ虫は、中の蛹（さなぎ）の状態をじかに見ることができないため、羽化の兆候がまったくわからないのである。このほか、アゲハやカブトムシの羽化撮影もすぐあとに控えていた。のちに撮影ノートを見てわかったことだが、ぼくはこの年の六月、一か月で十三回もの徹夜をしたらしい。当時はまだ若かったとは言え、よくぞ死ななかったものだと自分でも感心してしまう。

六月末、ついに申請書類が完成し、無事に文部科学省に受理された。ぼくはみんなとの打ち上げを辞退して、霞ケ関から地下鉄に飛び乗った。すでにウスバカゲロウの羽化撮影には成功していたが、今度はカブトムシの蛹に羽化の兆候が出ていたからである。スタジオは冷房をいっぱいに効かせ、少しでも羽化のタイミングを遅らせようとしていたが、望みはうすいと思っていた。息を切らして家のドアを開け、スタジオに駆け込む。

おお！　羽化していない！　急いでストロボのスイッチを入れる。ネクタイをほどこうとしたそのとき、カブトムシの前あしが動いた。羽化の開始である。間に合った！　そう、一分の遅れも許されなかった羽化の瞬間に、ぼくはどうにか間に合ったのである。

※『小学館の図鑑ＮＥＯ　昆虫』。改訂新版を含む数字。

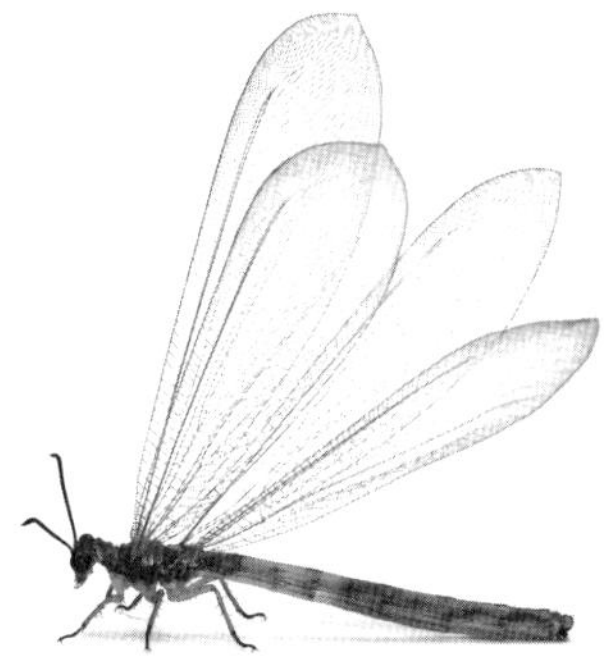

スリッパ履きで「アニマ賞」

写真雑誌等で、動物カメラマンが書いた手記や撮影秘話などを読むことがあるが、第一線で活躍している写真家たちの取材現場は、なんと過酷な環境なのだろうと思う。猛獣や伝染病など、危険いっぱいのジャングルへの長期滞在や、至るところで内乱が起きているような国への渡航、そして海洋生物を撮影する水中カメラマンなどは、取材行為そのものが常に命がけである。そんな現場へ乗り込んでいく勇気も覚悟もぼくにはないものだし、幾多の試練を乗り越えて見事に結果を出し続けていく生きざまはドラマのようで、本当にカッコいいな……と思う。ぼくのようなヘタレの兼業カメラマンには、自宅と勤め先を往復するだけの平凡な毎日があるだけで、そこには武勇伝も珍道中もない。取材の苦労話を聞かせてくださいと言われることもあるが、「職場の休みが取りにくい」のが最大の悩みであって、これでは誰にも共感してもらえない。「苦労」と呼ぶには、あまりにもレベルが違いすぎる。

むかし、「アニマ賞」という動物写真界の新人賞があった（主催：平凡社）。昆虫や魚類なども含め、「野生動物の生態・行動・形態を、十点～二十点以内の組み写真で表現する」というものであり、動物写真家への登竜門として、当時、最も権威ある賞であった。星野道夫さんや今森光彦さんなどが歴代の受賞者として名を連ね、「動物写真界の芥川賞」と呼ばれていたこともある。うそのような話だが、ぼくもこの賞を一九九六年に受賞している（第十三回アニマ賞）。新聞に顔写真やインタビュー記事が掲載され、すぐに図鑑や雑誌などの撮影依頼が舞い込み、賞の威光をしみじみと嚙みしめたものだった。

ぼくのアニマ賞受賞作は、「伊達者競演(だてものきょうえん)──昆虫のおなか」と題した十六枚組の組み写真である。内容を簡単に説明すると、夜間、窓のあかりにひかれて飛んできた昆虫を、窓ガラス越しに室内から撮影した虫のおなかの作品集である。虫は、天敵に見られることを想定して、背中の色や模様にはそれなりの対策を施しているが、天敵の目が届かないおなか側を、むやみに派手な色づかいで着飾っているものがいる。誰かに見せることを想定していないはずのおなか側の意外な美しさを、ガラス越しの撮影で表現してみせた作品であった。応募時に提出した「作品のねらい」を見ると、冒頭には次のような一文がある。「お上(かみ)から質素な服装を強いられた江戸の町人が、表はそれと装いながらも、ひそかに裏地に意匠をこらしたのはよく知られた話。実は昆虫の世界にも、地味なアースカラーで外敵をあざむく一方、意外な美しさをそのおなか——いわば裏地に秘めた伊達者たちがいる」。

応募規定にある「野生動物の生態・行動・形態」の中の、「形態」でエントリーした作品としては、ぼくが初めての受賞となった。ジャングルや水中に取材現場を持つ硬派な動物カメラマンと、王道の「生態・行動」分野で直球勝負をしてもまず勝ち目がない、と判断した上での変化球勝負である。応募規定を熟読し、「形態」ならば自分にも勝機がある、と判断した自分を半分はほめてやりたいが、そんな「受験の傾向と対策」みたいな小手先の戦法で勝負に行った自分を、半分情けなくも思う。いかにも軟弱なヘタレの考えつきそうなことだなあ……と言われたら、黙ってうなずくしかない。

受賞作の撮影は、「山の宿へ二泊三日の旅をする。その旅を二回行う」。その程度の取材日程だった。あとは、窓のあかりに続々と飛んでくる虫たちを、室内からガラス越しに撮るだけである。撮影に臨むにあたり、勇気も覚悟も根性もいっさい不要の、「なんちゃってアニマ賞」と言ってよいだろう。ほかの受賞者と比べると、ここでもやっぱりぼくの苦労は苦労のうちに入らない。第七回の受賞者である原田純夫さんは、急峻な岩場に棲息（せいそく）するシロイワヤギの生態写真でアニマ賞を取った。第十五回の受賞者である鍵井靖章さんは、海中にすむミナミセミクジラの生態写真で賞に選ばれている。受賞作撮影時に原田さんの足もとを固めていたのは頑丈な登山靴であろうし、鍵井さんが履いていたのは、

アニマ賞受賞作（『別冊太陽スペシャル'96アニマ動物写真の世界』〔1996年6月 平凡社刊〕から）

受賞の翌年、「森上さんの影響なのか、今年は変な応募作が増えましたよ(笑)」と、アニマ賞事務局の人に聞かされた。

潜水用のフィン（足ヒレ）であったに違いない。ぼくはと言えば、受賞作撮影時に履いていたのは、なんと「宿のスリッパ」だったのである。

動物カメラマンに対する世間のイメージは、知的なまなざしと日焼けした肌を持つ不屈の男、といったものではないだろうか。その通り、彼らは学者の頭脳とアスリートの肉体を併せ持ったエネルギッシュな男たちであり、ぼくの知る動物カメラマンは、例外なくみなカッコいい。しかし、ぼくのアニマ賞はインドアでの制作であり、少しの日焼けもせずにスリッパ履きで撮影に臨んだようなカッコ悪い男である。もし、ぼくがもっと若かったならば王道の動物カメラマンへの道を目指すことも考えたかもしれないが、もうすでに五十歳すぎのくたびれたオッサンである。

ぼくはおそらく、ヘタレのまま自分の器の大きさに応じた創作活動をしていくのだろう。きびしい現場で立派に戦っている人がまぶしくてならないが、少しもまぶしくないぼくの姿を見た若い人が、「こんな情けないオッサンでもそこそこやれているのなら……」と自分に自信を持つことができるのであれば、そんなオッサンが一人ぐらいいてもよいのかもしれない。

意外に役立つ職場の名刺

ぼくは何をやってもどんくさい男で、車の運転などは大の苦手である。教習所では、規定の時間を十七時間もオーバーしてようやく卒業となり、教官に、「俺も二十年以上教官をやってるけどさ〜、こんな下手なやつ、初めて見たぜ！」と言われてしまったほどである。字面だけを見れば、ひどい言われようだが、実を言えば少しも腹立たしいとは思わなかった。侮辱でも罵倒でもなく、この教官は心からビックリ仰天してしまったのだろうな……と思わせるような嫌味のない純粋な驚愕が伝わってきたからである。

そんなわけで、何とか免許はもらったものの、神奈川の自宅から直接、車で行く範囲は、長野県や群馬県あたりまでに限られる。もっと遠方に出かける場合は、飛行機や鉄道で移動したあと、現地でレンタカーを借りるというのがぼくのお決まりのパターンである。しかし、むかしギフチョウの取材で訪れた岐阜県のある村では、車を借りようにもレンタカー屋がなかった。それは旅の前から予想していたことだったが、車がなくても徒歩で何とか回れるのではないかと甘く考えていたのは失敗だった。村が想像以上に広かった上に、駅周辺は意外にも人家が建て込んでおり、徒歩圏内にギフチョウが飛んでいそうな場所はどこにも見当たらない。

困ったなあ……と途方に暮れていると、自転車屋の看板が見えた。レンタサイクル屋ではないが、もし自転車を借りることができれば大助かりである。「ごめんくださぁ〜い！」と奥に向かって大声を出すと、目つきの鋭い、コワモテのおやじさんが出てきた。その迫力の風貌に気おくれして、しどろもどろになりながら、「村が思ったより広かったので、見て回るのに自転車を貸していただけないでしょうか？」と頼んだが、「あんたは何なの？」と、ぼくの全身をうさんくさそうにジロジロ見る。

観光資源などほとんどないような村に、この男はいったい何をしにきたのかと、不審に思われたのだろう。ここでは村を挙げてギフチョウを保護していることを知っていたので、密猟者だと思われないためにはギフチョウの名前を出さないほうがよかろうと思っていたが、「観光」と言い張るのも、かえって怪しさに拍車をかけるだけかもしれない。ぼくは正直に、この村を訪ねた目的を話すことにした。

昆虫写真家としての名刺も持っていたのだが、うっかり「〇〇大学　教務部」という職場の名刺を差し出してしまい、あっ！　と思ったが、ここであわてて差し替えると、怪しさもひとしおである。名刺を渡しながら、「あの……○○大学に勤めております。その……ギフチョウを研究しております」と自分の素性を明かし、来村の目的をたどたどしく伝える。それを聞いたおやじさんは奥に向かって、「おおい！　大学の学者先生が、ギフチョウの研究で自転車を使いたいってよ！　○子の自転車、貸していいか？」と叫んだ。○子と呼ばれた奥さんらしい人が、「はあい！　どうぞ～！」と奥から叫び返す。

（いや、その……学者じゃないんですけど……）と言いかけて、ぼくはこのラッキーな勘違いを今は最大限に利用しなければ、と思い直した。「○○大学でギフチョウを研究しています」と言ったらぼくは大ウソつきになるが、「○○大学に勤めています。ギフチョウを研究しています」であれば、ぼくはウソなど少しも言っていない。大学に勤めていることとギフチョウの研究とはいっさい関係がないが、そこを勝手につなげて解釈したのはおやじさんのほうである。これはセーフだ。

首尾よく自転車を貸してもらえてニコニコ顔でサドルにまたがると、気持ちよい春の風が頬をかすめていく。（いやー、大学の名刺も意外に使えるわ～！「教務部」という部署名も、いかにも先生っぽくてイイ！）と、思いがけない幸運に感謝して村のあちこちをびゅんびゅん走り回った。どこにでも駐車でき、小回りの利く自転車は、結果的にはレンタカーよりよほど有効に機能したと言ってよい。

カタクリで吸蜜するギフチョウ
自転車屋のおやじさんのおかげで撮れたようなカットである。この村では折々に人の情けを身にしみて感じることができた。その後、ローカル鉄道は廃線になったが、いつかまた行ってみたいと思う。

ほどなくギフチョウの飛び交うカタクリの群落も見つかり、貸してもらった自転車のおかげで、この取材旅行を非常に実り豊かなものにすることができた。親切なおやじさんにはいくらか罪の意識を感じていたので、お礼として五千円を添えて自転車を返し、満開の桜並木が車窓を流れゆくローカル鉄道で、ぼくは意気揚々と村をあとにしたのである。

いつだって長靴姿

長靴が好きだ。虫の姿を求めて野山を歩くとき、ぼくはいつも長靴を履いて出かける。足が泥まみれになる湿地や、浅い川の中にも平気で踏み込んでいくことができ、毒ヘビのマムシを踏んづけたとしても、ひざより下がおおわれていれば安心だ。夏の暑い日には、ちょっとだけ、中が蒸れるのが気になるけれど……。これまで、仲間と一緒に出かけたときも、ぼくだけが大きな水たまりを避けて遠まわりせずに済んだり、砂浜では靴の中が砂まみれにならずに済んだりと、長靴にどれだけ助けてもらったかわからない。

そんな便利な長靴だけれど、海外など、飛行機で移動するような取材では、最初から長靴を履いて出かけるか、現地に着くまではカバンにしまっておくか、悩ましい思いをすることになる。長靴姿で飛行機に乗り込む人など見たこともなく、そんな恰好をしていると、少々おかしな人だと思われてしまうかもしれないからだ。初めて長靴姿で飛行機に乗ったときは、一緒に行った友達にさえ、「森上さん、ここから到着までは他人ですからね！　決して話しかけないでくださいよ」、と言われてしまった。周りの乗客に、「長靴男」の仲間だと思われたくなかったのだろう。愛する長靴のおかげで、ぼくは一時的にせよ友達を失うことになり、目的地に着くまで会話もなく、一人しょんぼりと過ごさなければならなかった。

しかし、トンボの取材で出かけるときは、「胴長」と呼ばれる胸まである深い長靴を、普通の長靴とは別に持っていかなければならない。水辺を好むトンボの取材では、おなかまで水につかって撮影することも多いからだ。靴というより半分衣類のようなもので、もともとは魚釣りをする人のために作られた製品だが、旅行カバンに「胴長」を詰め込むと、それだけでカバンが半分以上埋まってしまい、普通サイズの長靴を入れる余裕などまったくなくなってしまう。これがきっかけでぼくは覚悟を決め、普通の長靴は最初から履いて出かけるようになった。空港で出会う人々の冷たい視線にもだんだん慣れてきて、前ほど気にならなくなった。

もっとも、長靴をきれいに洗っておくことは、最低限のマナーだ。飛行機の中で、隣が上品な身なりの紳士淑女だったりすると、長靴姿の変なおじさんと相席になっただけでも、この世の終わりのような絶望感を感じることだろう。泥がついていない、ピカピカの状態にしておくことだけは、いつも

愛用の長靴
足もとに不安がなければ、どんな場所へも踏み込んでいくことができる。
しかしわずかな破れ目でもあると、普通の靴よりずっと悲惨なことになる。

忘れないように心がけている。それはまた、いつもぼくを助けてくれる長靴への礼儀でもあると思うのだ。愛する長靴を、ぼく自身のふるまいで悪者にしてはいけない。

ぼくの選ぶ長靴はやや高価で、五千円ぐらいする。取材先で破れたりしないように、丈夫なものを選んでいるためだ。そしてまた、かかとの部分が高くなっていないタイプを選ぶことも、取材用の長靴選びのコツだ。靴底が水平でないと、湿地では足を踏み出すごとにかかとが沈んで歩きにくい。また、長い距離を歩くときは、底が平らなもののほうが足が疲れないようにも感じる。

あとは、長靴メーカーの人に、もっとファッション性を考えてもらい、デザイン面でも努力してもらえたらなあ……と思うことがある。英語では、長靴を「ブーツ」と呼ぶのだが、日本では明らかに「ブーツ」と「長靴」は別ものだ。ブーツを履くのはファッションだが、長靴はやむを得ず履くもの、そう思われている。となれば、「本革製のブーツみたいなプリント柄のゴム長靴」という製品をメーカーが作ってくれれば、飛行機の中でもぼくはセンスのよい紳士でいられると思うのだが、どうだろうか。友に疎(うと)まれたり、隣席のお客さんににらまれたりすることもなく、機内にさわやかな風を吹かせることができそうな気もするのだが……。

「リフレッシュ休暇」でマレーシアへ

ぼくの職場には、「リフレッシュ休暇」という制度がある。勤続年数に応じたご褒美のような休暇制度で、二〇一二年に勤続二十五周年を迎えたぼくは、一週間の休暇と十万円分の旅行券をもらってマレーシアへ行くことにした。勤務先の大学構内には、学校法人が出資して作った旅行社がある。その会社のカウンターでリフレッシュ休暇の旅行だと伝え、旅行券を提示して二人分の航空券の手配をお願いした。この本の中で何度も書いているように、ぼくは空前のヘタレなので、マレーシアのジャングルに一人で出かけていく度胸がなく、友人の昆虫カメラマンを誘い、飛行機代をおごるからと言って一緒に行ってもらうことにしたのである。彼は四度もマラリアにかかったことがあるという海外取材の猛者(もさ)で、初めての熱帯取材に同行してもらうには、この上ない相棒だった。

ところが旅行社のカウンターの女性が、「同行者は奥様ではないのですか?」と言う。「ええ、そうですよ?」と答えたが、「リフレッシュ休暇のご旅行のご同伴は通常、奥様なのですが……」と、聞き捨てならないことを言い出す。「友人ではいけないのですか?」と聞くと、「そういうわけではありませんが……。少々お待ちください」と言って奥へ引っ込む。胸騒ぎがしたが、「ご友人でも大丈夫ということにさせていただきます」という結論で、まずは胸をなでおろした。それにしても、大学の外の一般の旅行社であれば、旅の相手が誰であろうが、そこに干渉してくることはあるまい。「奥様ではないのですか?」なんて本当に余計なお世話で、よっぽど「奥様と一緒では、リフレッシュできません!」と言ってやろうかと思ったが、友人でも大丈夫となって、大学構内でつまらぬ暴言を吐かずに済んだ。

ホテルの手配もしようと思っていたが、相棒は「大丈夫、向こうに着いてからにしよう」と言うので、そこは経験豊富な彼に従うことにした。ぼくは彼と違って、心身いずれの面でもヘタレなので、マラリアにかかったら助かりそうもない。ディート(防虫成分)含有率の高い防虫スプレーを大量に買い込んで、十一月二十二日にクアラルンプール行きの飛行機で成田から旅立った。

首都クアラルンプールから北部へ車で向かい、タパという町にある彼の定宿に到着した。マレーシアに定宿があるというだけで、ぼくは彼を心から尊敬してしまう。マレーシア北部は雨期の初めだったが、翌朝は気持ちよい青空が広がった。「虫屋の聖地」と呼ばれる集落に移動し、そこからジャングルの奥をめざすと言う。集落はオラン・アスリと呼ばれるマレー半島の先住民族の村で、高床式の住居が並んでいた。彼は慣れたようにその一軒に入っていき、ぼくを手招きする。初老のオラン・アスリを紹介され、いつもガイドをお願いしているDさんだと言う。この村では一番の現金収入が昆虫で、海外から訪れる昆虫愛好家の求めに応じて昆虫を採集し、それを売って生計を立てているのである。Dさんは、村一番の採集人というふれ込みであった。そのDさんにガイド料を支払い、一日行動を共にしてもらうわけである。

Dさんとともに三人で歩き出すと、たくさんの村人が虫の入ったビニール袋を掲げて次々にぼくらに差し出す。Dさんが「またあとでね」とでも言ったのだろう。それ以上しつこく勧められることもなく、ぼくらはジャングルへと向かった。見るもの聞くもの、みな初めての熱帯は、最初のうちこそ、その「初物」感に酔っていたが、思ったより虫の姿は少ない。ぼくには表面的な部分しか見えていなかっただけかもしれないが、通い慣れた沖縄の八重山諸島の十分の一以下の密度ではないだろうか。なるほど、これでは採集人やガイドが必要となり、一つの村が昆虫採集業で潤うわけだと納得した。

それでも、この場所を知りつくしたDさんと相棒のおかげで、日本では決して見られない珍しい虫も見つかる。あこがれのシュモクバエの仲間（九〇ページ）を発見したときはうれしかった。宇宙人のような離れた目を持つ珍奇なハエである。葉の裏ではコノハムシの若い幼虫も見つかった。もう少

オラン・アスリの集落
高床式の住居で、室内は涼しい。電気は来ており、パソコンもある。建物の下は、放し飼いのニワトリなどが自由に駆け回っている。(※ 関連写真をカラーページに掲載)

し成長すれば、葉っぱに化ける擬態の名手として、森の忍者と呼ばれる姿に変身していくだろう。

Dさんと相棒は、ぼくのわからない言語で会話していたが、あとで聞くと、Dさんは英語で話していたらしい。かつて軍隊にいたときに、英語を覚えたのだそうだ。一方、相棒はマレー語ができ、Dさんにマレー語で話していたというので、ぼくは笑ってしまった。何もお互いに不得手な言語で話さなくても、Dさんはマレー語で、相棒は英語でよいではないか。それが逆とは……とおかしかったのである。もっとも、英語さえわからずに「謎の言語」と思っていたぼくの語学力の拙さは笑いごとではない。相棒も、マレー語はさておき、英語の通訳もしなければならないとは思わなかった、と言って呆れていた。

ジャングルから戻ると、虫売りの村人たちが律儀に待っていた。一応値段を聞いてみる。マレーシアの通貨は「リンギット」という単位で、当時、一リンギットは二十八円相当であった。ハナカマキリの幼虫（六十九ページに写真掲載）が三十リンギット（八百四十円相当）、以下は日本円で書くが、ヒシムネカレハカマキリとバイオリンムシが二百八十円、コノハムシの幼虫が五百六十円、世界最大のゾウムシであるタイショウオサゾウムシが百九十六円であった。カマキリ類は日本でも入手可能だが、日本の昆虫市(いち)での値付けと比べれば、ほとんどタダみたいな金額である。ここの村人たちは、昆虫愛好家が求めるトレンドにも敏感で、直近でよく売れた虫を売りに来る傾向があるという。

あとで知り合いのAさんに聞いた話だが、Aさんがこの場所を訪れた際、村人からナナフシばかりを勧められて面食らったらしい。通常は、やはりチョウと甲虫(こうちゅう)が人気昆虫の双璧なのである。それがナナフシとは……？　しかしAさんには心当たりがあり、ぼくもよく知っているナナフシマニアの日本人中学生の女の子が、少し前にここを訪れていたことを思い出したらしい。そのM子ちゃんの影響で、ナナフシが日本人虫屋のトレンドだと思われていたのだろう、という分析だった。それをAさんから聞かされたぼくは、この村全体のマーケティング戦略が一人の日本人中学生の嗜好に左右されてしまうんだなと、M子ちゃんの顔を思い出しておかしくて仕方がなかった。

二日目からは、雨期らしいスコールにもしばしば見舞われたが、ここでは雨がそれほど長続きしない。待っていれば必ず晴れ間も出るので、Dさんのお宅で雨宿りさせてもらいながら、出かけて行くべきタイミングを見定めた。驚いたことに、Dさんのお宅にはパソコンがあった。まさか高床式住居の中でパソコンを目にするとは思わなかったが、ネットにはつながっていなかったようで、天気予報まで見ることはできなかった。

森の中を流れる川沿いの道を行くと、見晴らしのよい岩の上には、必ずオラン・アスリが座っている。奥さんが赤ちゃんを抱いている若い夫婦の姿もあった。彼らはここで網をたずさえ、昆虫の飛来を待っているのである。網はビニール袋に柄をつけただけの粗末なものだった。風の抜け道がないので強く振り回さず、そっとかぶせるようにして使うものらしい。虫が姿を見せるまでの間、仲むつまじく寄り添いながら夫婦の会話を楽しむ二人。高木がほどよく陽光をさえぎるジャングルの木漏れ日は、赤ちゃんにもやさしい。流れの音を聞きながらこんな森林浴が毎日できるなら、ストレスとも無縁でいられるかもしれないなあ……と思った。生業のための「店番」中とはいえ、かけがえのない家族の時間がそこには流れており、昆虫採集業で生計を立てている村らしい光景にほっこりした気持ちになった。

うす暗いジャングルを抜け、明るい場所に出ると、流れのほとりの砂地に何匹かのチョウが吸水に訪れているのが見える。近づくと一匹がふわりと飛び立ち、ぼくの腕に舞い降りた。(よし、来たな!)。実は、こうなることを半ば予想していたのだが、ぼくは「チョウにたかられる男」である。これは日本でのできごとだが、サワガニの死体から吸汁していたウラギンシジミがふわりと飛び立って、ぼくの腕から汗を吸い始めたことがあった。「何だよ! 森上の汗って、サワガニの死体より生臭いのかよ!」と、同行の虫仲間は大爆笑だったが、次から次にやってくるウラギンシジミの姿に反論もできず、以後、「サワガニの死体より生臭い男」という評価がすっかり定着してしまった。その神通力が海を越えて世界でも通用したということだろう。虫屋としてはこの特異な体質に感謝すべきかもしれないが、人間としていかがなものかとも思う。

初のマレーシアは、この場所と、観光地でもある「クアラ・ウォー（Kuala Woh）」の二か所を日替わりで訪れ、およそ一週間の滞在で十分に満足できる結果を得た。クアラ・ウォーは温泉が出る場所で、この温泉がチョウの好む成分を含んでいるらしく、マレーシアの国蝶「アカエリトリバネアゲハ」が吸水に集まる場所として昔からよく知られている。そのアカエリトリバネアゲハの撮影にも成功し、ぼくは相棒に心から感謝しつつ、すばらしい旅の思い出とともにクアラルンプール国際空港をあとにしたのである。

謎の虫・ウスバカゲロウ

ウスバカゲロウは謎の多い虫である。幼虫時代の「アリジゴク」という呼び名のほうが圧倒的に有名で、イメージもしやすいだろう。日陰の乾いた砂地にすりばち状の落とし穴を作って穴の底に潜み、落ちてきたアリを捕食することから「蟻・地獄」の名がある。アリジゴクの落とし穴は決して珍しいものではなく、少し郊外まで行けば公園のベンチの下でも見つかるが、成虫の姿があまりにも世間の人々に知られていない。人気の子役タレントが大人になって「あの人は今」で取り上げられるようになる、そんな影のうすい虫がウスバカゲロウである。

そのウスバカゲロウの生活史で本を一冊作るので、全・四十ページの撮影をお願いします、という依頼を受けたことがある。先輩の昆虫カメラマンからの紹介仕事で、シリーズものの一冊だった（ポプラ社「ドキドキいっぱい！　虫のくらし写真館」シリーズ）。ぼくは「アリジゴク」というタイトルの写真絵本ならそれまでにも見たことがあったが、「ウスバカゲロウ」という成虫名でのオファーにまず驚いた。同時に、暮らしぶりが謎に包まれた成虫期の撮影はなかなか手ごわいかもしれないぞ……と覚悟して編集者との最初の顔合わせに臨んだ。六月三十日に編集者のもとへ行き、九月三十日が撮影締切として指定された。

三か月で四十ページ分の写真を揃えなければならなかったが、ストック写真から充当してもよいということだったので、新撮分は全体の八割程度であったと思う。撮影スタートが七月一日では、そもそも羽化などはピークも終了間近なので、新撮分だけで一冊作るのは困難である。「ウスバカゲロウ」というタイトルの写真絵本がそれまで存在しなかったのは、成虫のイメージが地味というだけでなく、生活史の中で撮影が困難なシーンがいくつか存在するということも大きい。アゲハやカブトムシの一生ならば、あらゆるシーンの写真が大量に流通しているが、ウスバカゲロウは、①エサを食べている姿を見せない、②交尾している姿を見せない、③卵を産んでいる姿を見せない、という謎めいた虫で、生活史を描く上で必要となる写真が揃わないために、出版企画として成立させるのが難しかったのである。

①の写真は、インターネット上で一回だけ見たことがあるが、編集者から渡された絵コンテにはなかった。今回の本では掲載予定がないということである。②は、ぼくにはストックがあった。当時、

ぼくの写真以外は世間に流通しておらず、先輩がこの仕事を紹介してくれたのは、ぼくが②の撮影にすでに成功していたことよる。③は絵コンテにあったので、編集者に「産卵シーンの写真は一度も見たことがないのですが、どなたか撮られているのでしょうか?」と訊ねたが、「いえ、私も見たことがありません。まだ誰も撮影に成功していないのでは?(※)」という話だった。(まいったな……この絵コンテは「想像図」かよ!)と思ったが、こういう無茶ぶりは決して嫌いではない。喜んで受けて立つことにしよう。

ほかのページは、十分撮れる。ウスバカゲロウの産卵シーンを撮るためにはどうすればよいか?ぼくは出版社からの帰りの電車の中で、その一点だけを考えていた。

(幼虫のアリジゴクは、すりばち状の落とし穴を作るために特化した脚を持っており、前には進めず、後ろ向きによちよち歩くことしかできない。ということは、アリジゴクの落とし穴が今ある位置から離れた場所に産卵することはないだろう)

(落とし穴を掘るためには、サラサラの砂地が必要だ。だから、お寺の縁の下など、雨のかからない場所に落とし穴は集中している)

(メスは、河川敷や校庭の砂場など、多くの砂地の中から、その場所が雨のかからない特別な砂地であることを、どのようにして見抜くのだろう？）

（雨の日でもサラサラでいられる砂地とは、要するに、雨の日を選んで産卵すればよいのだ。雨の中で濡れていない場所を見つけ出せば、そこが産卵すべき砂地だと判断できるのではないか？）

（ウスバカゲロウの産卵シーンがこれまで撮影されず、謎のヴェールに包まれていたのは、雨が降る日にお寺の縁の下とか、公園のベンチの下とかをのぞき込むような酔狂なマネをする人が誰もいなかったからではないか？）

（きっとそうだ。落とし穴がいくつも並ぶ場所で雨の日に待っていれば、産卵シーンが見られるに違いない！）

ぼくは家に帰り着く前にそこまで推理し、次の雨の日を待った。まだ梅雨が明けておらず、雨の日はすぐにやってきたが、アリジゴクの落とし穴が並ぶ場所（崖の一部がひさし状に張り出し、雨をさえぎる砂地）でドキドキしながら待っていても、ウスバカゲロウはいっこうに現れない。本種は夜行性で、雨の夜に傘をさして崖の下にうずくまり、明け方まで過ごすのは何ともみじめな気分だった。夜通し蚊の集中攻撃を受け、赤い斑点がぼくの腕や顔を覆いつくしていった。

そんな夜を三回も過ごしただろうか。しかしウスバカゲロウは一秒たりともぼくの前には姿を見せない。仕方なく、次は雨ではない夜に同じ場所で待ってみることにした。傘を叩く雨音もせず、風のない静かな夜だった。暗闇の中では聴覚が冴えわたる。ハサッ、ハササッ、という布がこすれるようなやわらかな音が聞こえて、ぼくはライトを点けた。おお！　ウスバカゲロウだ！　やわらかな音は、羽音だった。まぶしさを避けるようにライトの光芒を何度か横切り、ウスバカゲロウは再び夜の闇へ消えていった。自分の推理が根底からひっくり返されたが、「夜間、雨のかからない砂地に飛んできたウスバカゲロウがいた！」という発見の喜びがそれを上回った。その数日後、ぼくにとってはこの上ないタイミングで梅雨明け宣言の報せを聞いた。今度は雨ではない日に待機するので、天もぼくに味方してくれたと言えるだろう。

七月二十四日。ぼくは場所を変え、前から本番撮影はここで、と目をつけてあったお寺に向かった。高速道路を使って行くような距離だが、そのお寺の境内には、アリジゴクの落とし穴が数百も密集する場所があった。崖の下で出会った個体がぼくのライトを嫌って産卵せずに遁走したことから、電池が弱ったライトに、さらに赤いセロファンをかぶせてウスバカゲロウを待った。ほどなく、闇の中から一匹が飛んできた。ピント合わせのためには、どうしてもライトを近づけなければいけない。ライトを持ってじりじりと接近したが、その光を嫌がり、逃げまどって、産卵せずに闇の中へ帰っていく。二匹目、三匹目。撮れない。いったんは砂地に着地するのだが、ライトを持って近づくと飛び立ってしまうのだ。それにしても、びっくりするほど次々に飛んでくる。

一匹が、月あかりでかろうじて姿が確認できる場所に舞い降りた。ライトを消して慎重に接近する。ファインダーの中にぼんやりとシルエットが浮かび上がるが、月あかりではピントが合わない。頭の中で次の行動をシミュレーションする。（ライト点灯、一秒でピント合わせ、二秒以内にはシャッターを切る）。腹をくくってライトを点ける。パシャーン！　シャッター音とともに、ピント用のライトとは異なる強力なストロボ光が闇を切り裂いた。ファインダーの中にウスバカゲロウの姿はない。恐る恐るデジタルカメラの背面液晶モニターを見る。やった！　撮れた！　ぼくは月に向かって拳を突き上げた。

その晩、飛んできたウスバカゲロウは、十数個体にも達しただろうか。しかし、ある時間になると、ふつっと飛んでこなくなった。一週間後にも同じ場所で待ってみたが、結果は前回と同じで、ウスバカゲロウは特定の時間帯、二十五分間にわたって次々に飛来し、その時間帯を過ぎると一匹も飛んでこなくなった。わずか二日間の観察事例であり、単なる偶然かもしれない。また、偶然ではなくても、この「黄金の二十五分間」が常に不変であるかどうかはわからない。季節が進めば前や後ろにシフトするのかもしれない。そこは今も謎のままであり、まだ撮影すべきページを大量に残しているカメラマンには、そうした検証に使える時間はなかったのである。

産卵するウスバカゲロウ
産卵は特定の時間帯に集中した。ライトを嫌がるので、撮影は非常に難しい。
（※ 関連写真をカラーページに掲載）

「産卵は雨の日」説から、ずいぶん長い時が流れたように感じたが、ふり返ってみれば、たかだか一か月に過ぎない。編集者に、「産卵シーン、撮れましたよ！」と報告したが、「エエッ！　本当に撮っちゃったんですか?」という反応で、「だって、撮れって言ったじゃん！」と言おうかと思ったが、それが喜びのあまりのリアクションであることは、ぼくにも十分伝わってきた。難しい撮影に成功した喜びを編集者に分かち合ってもらえると、うれしさもひとしおだなあ……と思ったことを、とてもなつかしく思い出す。『ドキドキいっぱい！　虫のくらし写真館21　ウスバカゲロウ』は、二〇〇五年の春に、予定通り発売になった。

※「クロコウスバカゲロウ」という別種の産卵写真は発表されていた。

鱗粉を捨て去る蛾・オオスカシバ

「好きな虫」と「撮りたい虫」、「撮るべき虫」は、みな同じではない（重なるケースもある）。ぼくがいちばん好きな虫はノコギリクワガタだが、それは単純に「カッコいい」からである。ノコギリクワガタは、見ているだけで幸せになれる虫であり、ぼくのアイドルと言ってよいだろう。ところが、そういう「観賞用の虫」はよく撮れた写真一枚をパソコンの壁紙にしておけばよく、あんな場面もこんな場面も撮りたい、という強い思いには発展しにくい。

「撮りたい虫」というのは、たとえカッコよくはなくても（カッコいいに越したことはないが）、生活史の中に、写真的な見せ場や、特別な物語を持つ虫である。ぼくにとっては、オオスカシバやセミヤドリガなどがこれに該当する。オオスカシバについてはあとで詳しく述べるが、セミヤドリガ（蟬宿り蛾）というのは、幼虫がセミの腹部に外部寄生（セミの体液を摂取する）して育つ奇妙な習性を持つ蛾（が）である。短命なセミが息絶えるまでのわずかな期間で育ち、セミから離れて蛹（さなぎ）になるという綱渡りのような生き方をするが、生活史の前半がこれまでほとんど可視化されておらず、カメラマンの取材意欲を刺激する。

「撮るべき虫」とは、図鑑の定番種や話題性のある虫である。前者はアゲハやカブトムシなどのおなじみの虫たちであり、後者はヒアリなど世間を騒がす外来種や、季節の風物詩として欠かせないホタルや赤トンボなどがこれに該当する。図鑑や教科書の定番種というのは昆虫写真市場で大きな存在感を持ち、アゲハの仲間では、「種名としてのアゲハ（＝ナミアゲハ）」の写真リクエストが九割を超え、キアゲハやカラスアゲハなどの「その他のアゲハ類」を全部引っくるめたニーズよりも、アゲハ一種の写真需要が飛び抜けて高い。

いささか前振りが長くなったが、「撮りたい虫」の筆頭に挙げたオオスカシバという蛾についてご紹介したい。オオスカシバはスズメガの仲間だが、蛾のくせに、はねに鱗粉を持たない。「透（す）かし翅（ば）」という名が示す通り、はねはガラスのように透き通っており、虫に詳しくない人に標本を見せると、多くの人がこれはハチだと答える。分布の北限は北関東で、東北地方より北に住む人にはなじみのない虫だが、東京あたりでは、日中にブンブン花壇を飛び回るハチドリみたいな虫、と言うと、多くの人が、「ああ、アレね！」という反応をする。空中停止飛行をしながら口吻（こうふん）を伸ばし、花の蜜を吸う姿は確かにハチドリのように見え、「日本にもハチドリがいるのですか?」という質問がしばしば動物園に舞い込むらしい。

オオスカシバは、日本にいないハチドリを真似ているわけではなく、おそらくはハチに擬態しているということなのだろう。鳥はハチを食べようとして針で反撃されると、以後は学習してハチを避けるようになる。オオスカシバもここまでハチに似せるなら、体の色も緑色ではなく、黄色と黒の縞々にすればさらに効果的ではなかったかと思うが、飛んでいる姿はその動きも込みで、ハチへの擬態効果を高めている。蛾として決して正統派とは言えないこの虫を撮りたいと思うのは、むしろその「典型からの逸脱ぶり」に魅了されているところが大きい。蛾なのに鱗粉がないというビジュアルの意外性と、それがハチ擬態に寄与しているという進化的ストーリーが、オオスカシバの写真に奥行きとロマンをもたらすのである。

しかし、本種の写真的なハイライト・シーンは、何と言っても蛹から出てはねを伸ばしたあとの驚くべき行動であろう。「見せ場がある」ということも、撮りたい虫の条件の一つと言ったが、オオスカシバは、蛹から脱出した直後は、多くの蛾と同じようにはねに鱗粉を載せている。ところが、ファーストフライトで離陸する瞬間に、すべての鱗粉がはねを離れて宙に舞う。まるで紙吹雪に見送られるかのような華やかな旅立ちであり、最高にフォトジェニックなシーンと言えるだろう。お話として

鱗粉をまき散らすオオスカシバ

ファーストフライトの瞬間に、すべての鱗粉が宙に舞う。まるで紙吹雪に見送られるかのような華やかな旅立ちだ。（※ 関連写真をカラーページに掲載）

は昔から知っていたことだが、当時まだそういう写真が流通しておらず、ぼくはどうしてもこの場面を自分が撮りたいと思った。

オオスカシバの幼虫はクチナシの木におり、その葉を食べて成長する。ぼくは丸々太った幼虫を何匹も採集してきて、蛹になるのを待った。自然条件下では土にもぐって蛹になるが、それでは羽化のタイミングがわからない。ぼくは飼育ケースに土を入れる代わりにティッシュを敷き詰めた。幼虫たちはほどなくその上で蛹になり、ぼくは家にいる間、目の届く範囲に飼育ケースを置いて生活した。

ある晩、カサッ！と音がしたので目を上げると、たった今、蛹から脱出したばかりのオオスカシバの姿が見えた。もちろん、撮影準備は万全である。クチナシの鉢植えにそっと止まらせると、枝をのぼって静止した場所ではねを伸ばし始めた。淡いグレーの鱗粉をきわどく載せたガラス細工のようなはねが、息を飲むほどの美しさで広がっていく。この時点では、まだ左右のはねを背中で合わせる形で閉じていることを初めて知った。まるでチョウのような姿である。はねが完全に伸び切るまで、その姿勢を崩そうとはしなかった。

何の前ぶれもなく、はねが突然左右に開いた。ついにはねが完成したということだろう。ここまで来ると、いつ飛び立つかわからない。ぼくはシャッターボタンに指をかけ、まばたきも惜しんでファインダーを見続けた。そろそろ指がつりそうに思えてきた頃、オオスカシバがはねを細かく震わせ始めた。フライト前にこうしてウォーミングアップをするのは、多くの蛾に共通する行動である。お尻が動き、白い液体がピュピュッ！　と勢いよく放たれた。はねの震えがますます激しくなっていく。オオスカシバが強く羽ばたいた瞬間、シャッター音とともに五灯のストロボが一斉に発光した。

クチナシのある公園ならどこでも、毎年のようにくり返される生命のドラマである。しかし、いつもなら観客のいないドラマに、今日は一人の観客がいたということである。虫たちのドラマは、望めば誰でも観客になることができ、特等席を求めて並ぶ必要もない。こんな素敵な小劇場が足もとにあることに、ほとんどの人が気づきもせずに今日も足早に通り過ぎていく。

虫は「かわいい」のか？

「虫ガール」と呼ばれる虫好き女子が増えている。ぼくが若い頃には、想像もできなかったことだ。昔は、虫が嫌いであることが、女子のたしなみのように思われていた。虫を見たら「キャーッ！」と悲鳴を上げないと、女子力（当時まだそんなことばはなかったが）が低いと見なされる時代だったのである。今は「虫ガール」以外にも、「鉄子（鉄道大好き女子）」や、「歴女（歴史大好き女子）」など、女子がオタク化しはじめているようにも見えるが、おそらくは以前から虫や鉄道が好きな女子は一定数いたのだろうと思う。ただ、それを言い出せずに、こんな趣味は自分だけ……と思って胸に秘めていたのが、ネット時代を迎えて意外に仲間が多いことに気づき、女子たちが隠すことなくカミングアウトし始めた結果ではないかと思っている。

いろいろな「虫ガール」が、それぞれの愛し方で虫たちに接しているが、やたらと「かわい〜、かわいい～」を連発して周囲の同意を求めるタイプのお相手をするのは、ぼくはあまり得意ではない。「森上さんは、どの虫がいちばんかわいいと思いますか？」という質問も非常に困るのだが、「いちばん好きな虫はね……ノコギリクワガタかな？」などと言って質問の趣旨をすりかえて答え、相手を落胆させないように心がけている。なぜなら、ぼくは昆虫を「かわいい」と思ったことが一度もないからだ。

では、ぼくの「虫好き」はどんな「好き」なのかと言えば、それは、「カッコいい」ということに尽きる。ぼくにとって昆虫は、「かわいい」と言って一段上から見下ろす存在ではなく、むしろ、時として下から見上げるような「カッコいい」存在なのだ。ウルトラマンを「かわいい」と言う人はいないだろう。ぼくにとって昆虫はウルトラマンのような存在であり、その魅力を書き出してみると、両者は驚くほどよく似ていることに気づく。

まず、表情がなく、クールなイメージであること（ちなみに、「カッコいい」の英語訳は、まさしく「クール」である）。ウルトラマンが無表情であるのと同様に、昆虫も「外骨格」と言って表皮が骨のように硬くなっているため、体の構造上、表情を作ることができない。表情から感情を読み取れない「仮面の戦士」は、やはり「かわいい」というイメージからはほど遠い。

そして、変身して姿を変えることで、能力が大幅にアップすること。ウルトラマンは変身ヒーローだが、平凡なひとりの人間が「変身」することで、変身前とは、段違いの能力を手にする。昆虫も、幼虫から蛹に、そして最後は、はねを持った成虫に「変身」することで、変身後は能力が飛躍的にアップする。昆虫が脱皮して姿を変えていくことを、学問の世界では「変態」と呼ぶが、これを英語に訳すと「メタモルフォシス（metamorphosis）」となり、「変身」の英語訳も同じく「メタモルフォシス」なのである。昆虫はまさに、リアルな変身ヒーローなのだ。

昆虫が「変身」により新たに得た能力や「すごワザ」の数々は、人間から見てもあこがれてしまうものばかりだ。たとえば、「ゲンゴロウ」という虫がいるが、彼らは空高く飛べて、水中を華麗に泳ぐことができ、大地を駆け抜け、必要とあれば土を掘って身を隠すこともできる。ウルトラマンのような光線こそ出せないものの、昆虫が人間の能力を超えた力や技を持っているのは、まぎれもない事実だと思う。

少し大ざっぱな分類かもしれないが、地球上の動物を、脊椎動物（背骨がある）と無脊椎動物（背骨がない）の二つに分けてみると、われわれ人間が脊椎動物の進化の頂点だとするなら、昆虫は無脊椎動物の進化の頂点と言えるものではないかと思う。何しろ、地球上の全動物種の四分の三は昆虫であり、宇宙人から見れば、地球はまさに虫の惑星なのだ。人間も、「知性」というたった一つの武器を使って昆虫と互角の勝負を展開しつつあるが、地球上には脊椎動物と無脊椎動物、二つのリーグが

変身ヒーロー（羽化してはねを伸ばすギンヤンマ）
幼虫時代は田んぼの泥に半分埋まるようにして生きてきたのに、皮を脱ぎ捨て、一夜にして大空を翔る存在になる。これこそ、まさに大変身であろう。

あって、人間と昆虫は、それぞれのリーグ・チャンピオンみたいなものだと言えないだろうか。いわば、プロ野球のセ・リーグのチャンピオンチームが、パ・リーグのチャンピオンチームを見ているような心境で、ぼくは「昆虫に一目置いている」と言ってもよいかもしれない。

頂点をきわめた者同士が、同じ高みにいる相手に対して抱く「リスペクト（敬意）」さえ、そこには存在し、ぼくにとって昆虫は、地球上で人類とチャンピオンを分け合う力強いカウンターパートであり、また、クールな変身ヒーローでもあり、昆虫をたたえることばをどこまで並べても、ぼくから「かわいい」ということばは出てきそうにない。

「リフレッシュ休暇」でマレーシアへ（62ページ）

▲オラン・アスリの集落
高床式の住居で、室内は涼しい。電気は来ており、パソコンもある。

◀虫を待つオラン・アスリ
見晴らしのよい岩の上には、必ずオラン・アスリが座っている。

▼オラン・アスリが使うビニール袋の網

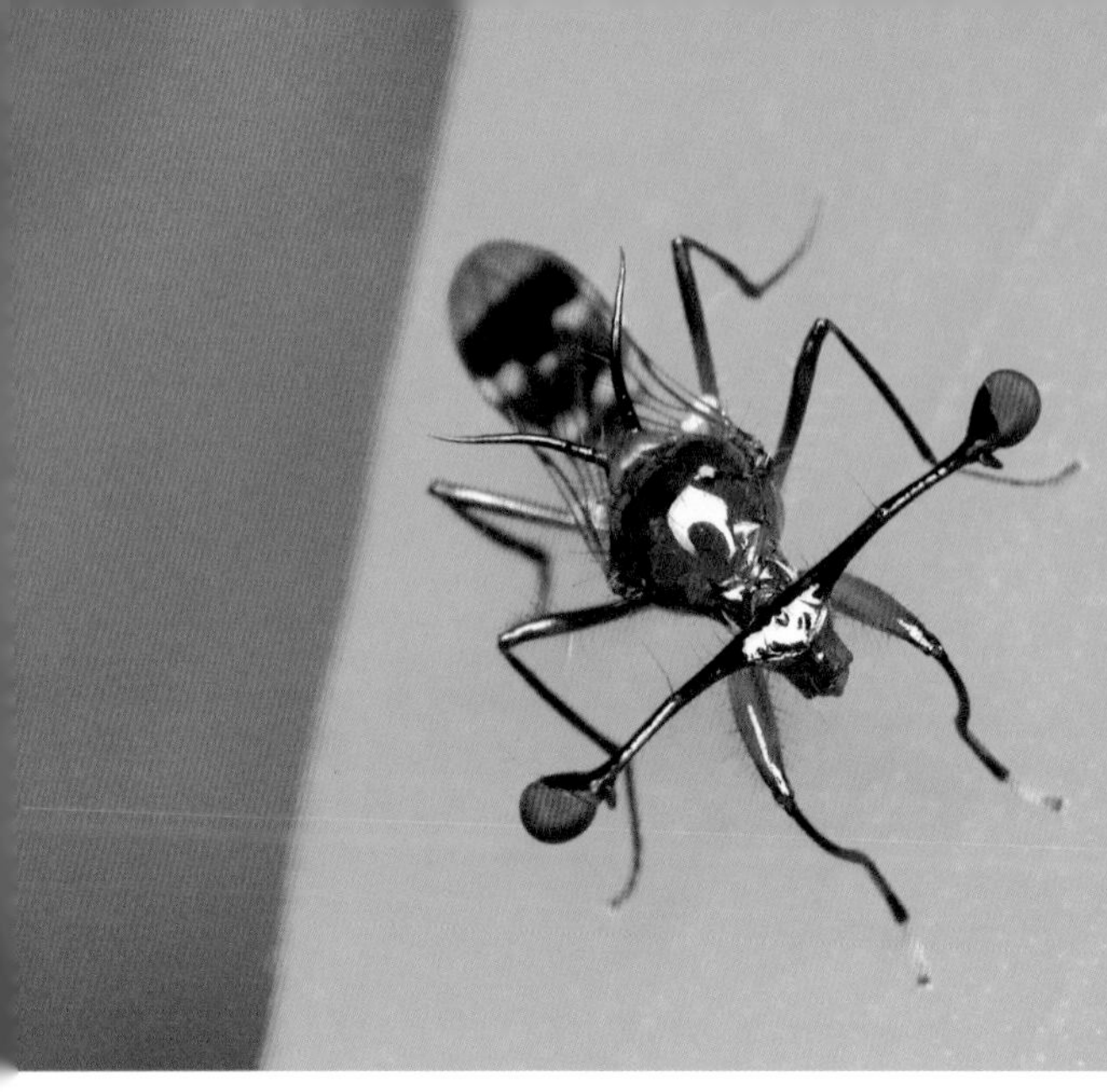

▲シュモクバエの仲間
日本にも沖縄にこの仲間がいるが、目がこれほど激しく離れてはいない。
▼マレーシアの国蝶・アカエリトリバネアゲハ
観光名所でよく見られ、国蝶として自ら立派に観光資源になっている。

▲コノハムシの仲間の若い幼虫
最初はこんなに目立つ姿のものがいるが……↙

▼コノハムシの仲間の成虫
成虫になると、見事な葉っぱ擬態が完成する（後日、昆虫館で撮影）。

▶汗を吸いに来たチョウたち
チョウを呼ぶ才能は、海外でも見事に通用した。

謎の虫・ウスバカゲロウ（70ページ）

▲アリジゴクの落とし穴が密集する場所
雨のかからない砂地に落とし穴を掘って獲物を待つ。決して効率のよいエサのとり方とは言えず、そのため、1か月以上の絶食にも耐える。アリだけでなく、落ちてきた獲物は基本的に何でも食べる。

▲ウスバカゲロウの幼虫（アリジゴク）
後ろ向きにしか歩けない。体長 12mm 前後。

▶落とし穴の底で獲物を待つアリジゴク
この「キバ」の先端から消化液を出して獲物に注入する。

▶産卵場所に飛んできたウスバカゲロウ
雨が降ってもそこが濡れない砂地だと、なぜわかるのだろうか。

▼産卵するウスバカゲロウ
産卵は特定の時間帯に集中した。

◀休息するウスバカゲロウ
休息中は、はねをたたむ。日中はこの状態でいることが多い。成虫は、関東の平野部では６～９月にかけて現れる。
体長 36mm 前後（はねは含まない）。

鱗粉を捨て去る蛾・オオスカシバ （78 ページ）

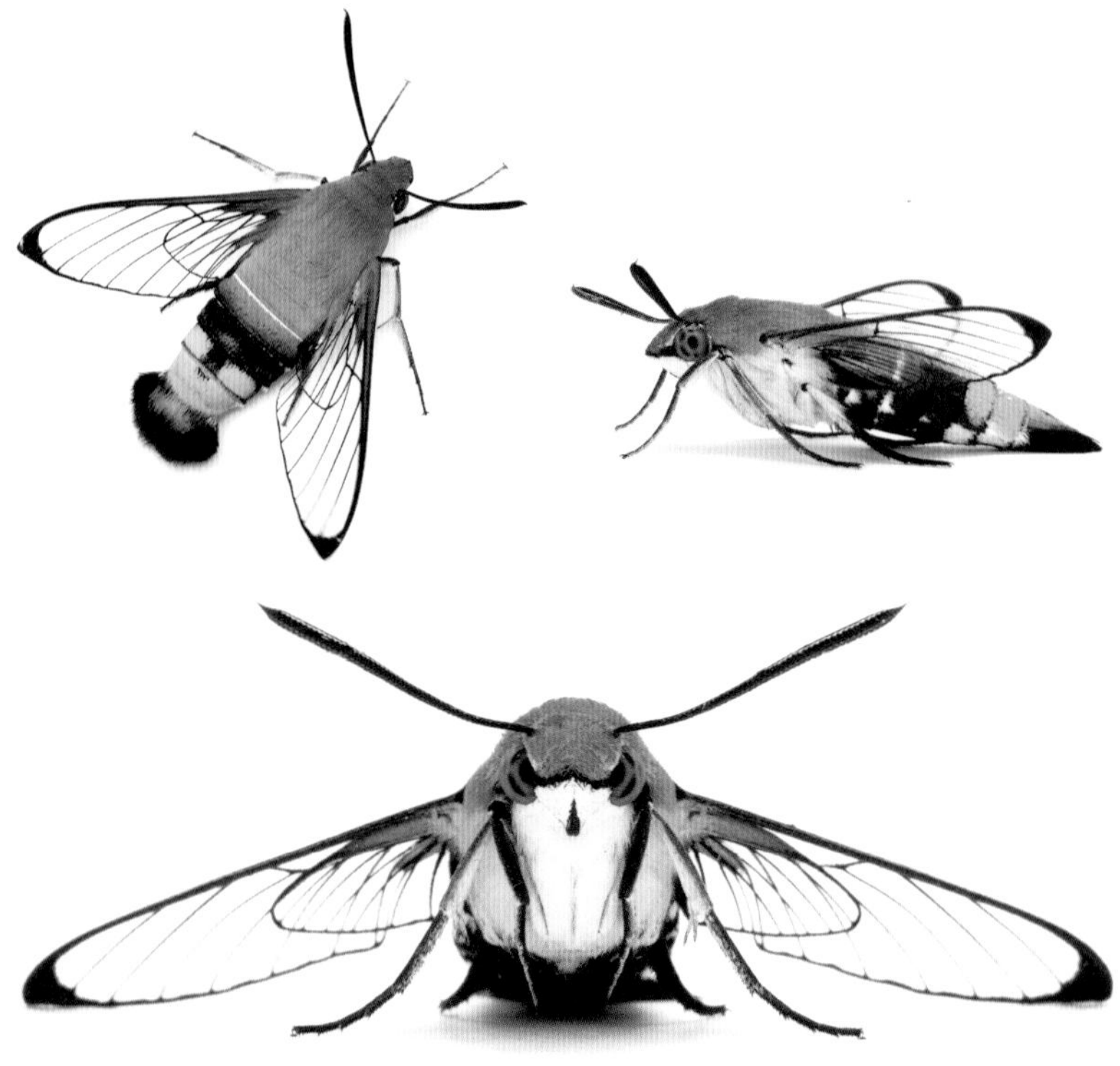

▲オオスカシバの全身像
鱗粉のない透明なはねと、緑色の体。蛾としては異例のいでたちだ。開張（左右のはねのさしわたし）50 ～ 70mm。

▶吸蜜するオオスカシバの成虫
ハチや、ハチドリに見間違えられることもある。

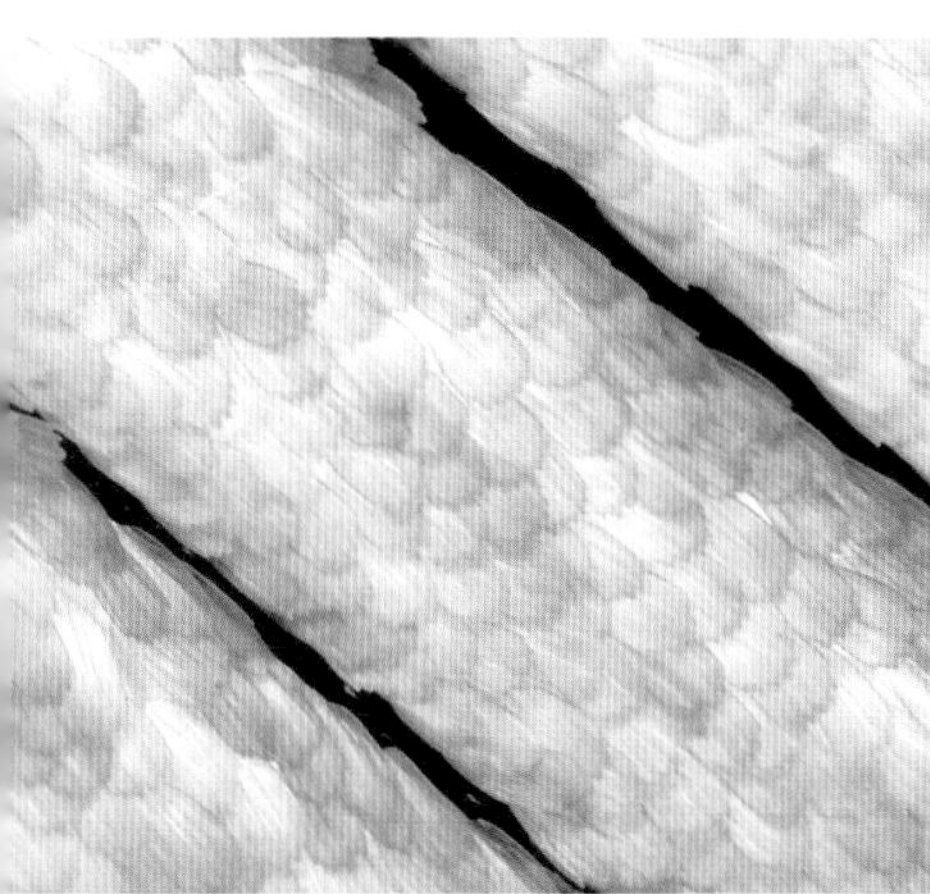

◀オオスカシバの鱗粉
鱗粉を落とす前のはねをアップで見ると、鱗粉は蛾としてごく普通の形をしており、鱗のようにそれが重なっているのも一般的な構造である。鱗粉とは、「鱗のような粉」という意味だ。

▲クチナシにいたオオスカシバの幼虫
庭や公園、街角など、クチナシがあればどこでも見つかる。この場所は、東京の池袋駅から徒歩５分の住宅街である。

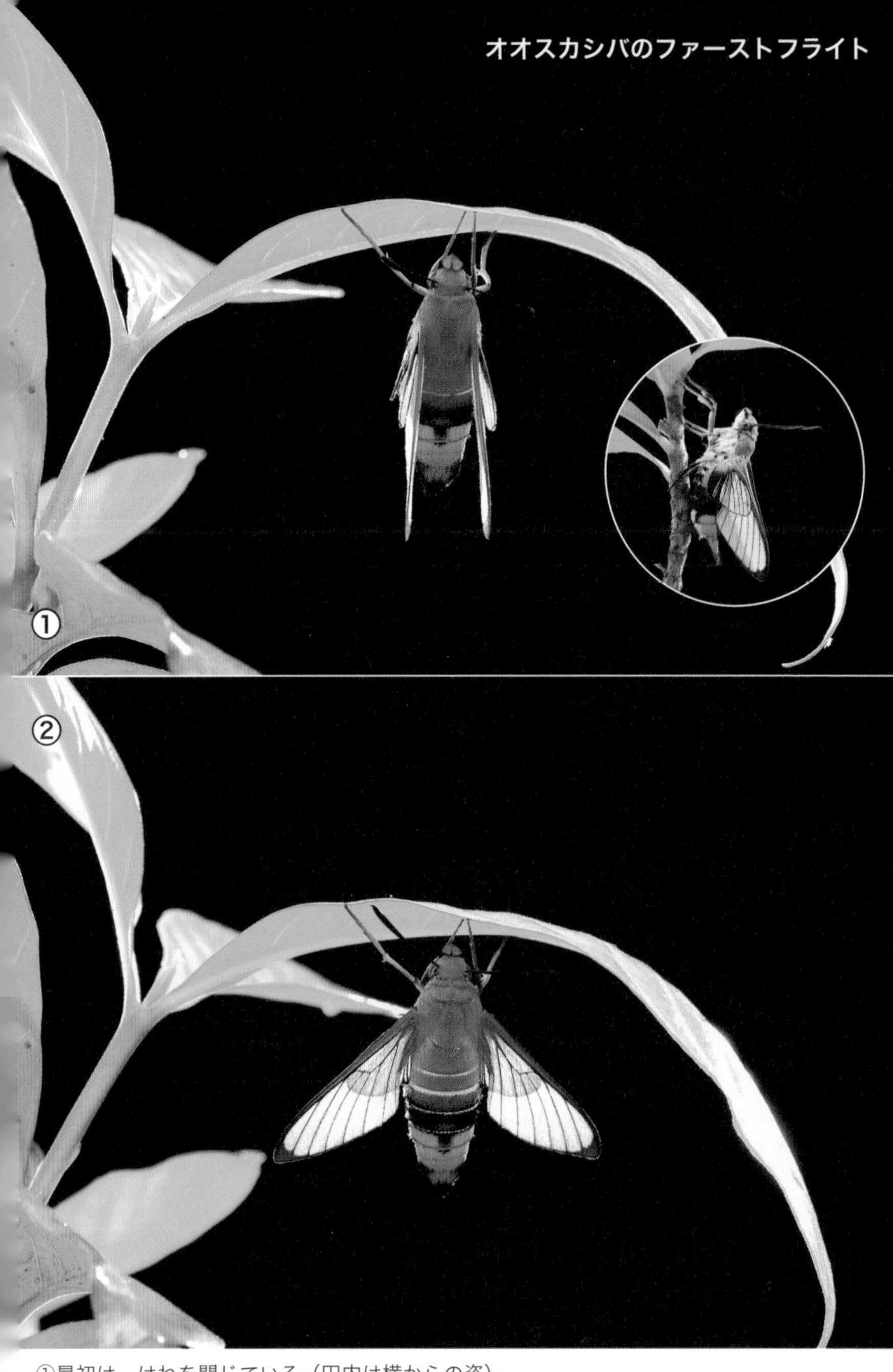

①最初は、はねを閉じている（円内は横からの姿）。
②はねが伸び切ると左右に開く。

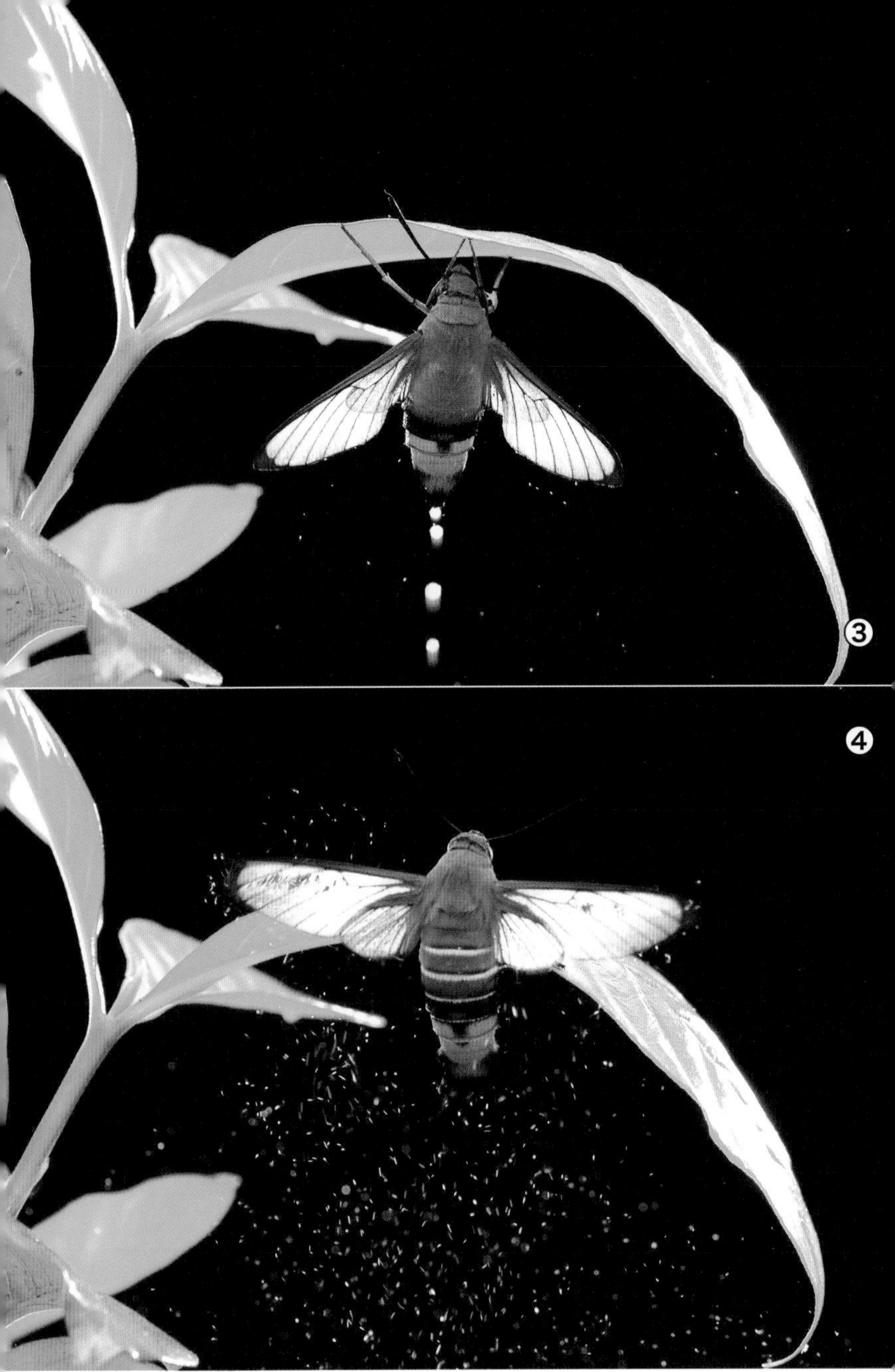

③はねを伸ばすのに使った体液を排出する。
④飛び立つ瞬間に、すべての鱗粉が宙に舞う。

「樹液酒場」はパラダイス （131 ページ）

▲オオスズメバチ（中央左右の２匹）とヒメスズメバチに占拠された昼の樹液酒場
矢印部分にはケシキスイ（ムナビロオオキスイ）が見事に隠れている。

▼黄金カードはやっぱりこの組み合わせ
カブトムシを本気にさせるのは、ノコギリクワガタだけだ。

▲着地しなくても満腹に
ベニスズメは戦略家だ。土俵に上がらなければカブトムシを刺激しない。口吻（こうふん）をするすると伸ばして巧妙に樹液をかすめ取る。

◀国蝶の風格
スズメバチにも堂々とケンカを売るチョウは、オオムラサキだけだ。

◀踏んでも気づかず、踏まれても動ぜず
ケシキスイ（ヨツボシケシキスイ。下写真）は、樹液酒場の玄関マットのように扱われている。オオスズメバチに踏みつけられても、微動だにしない。

体長 7 ～ 14mm（実物大）。

オオミズアオ——二つの死 （164ページ）

▲死にゆくオオミズアオ
ハナミズキの真下に横たわっていたメス。

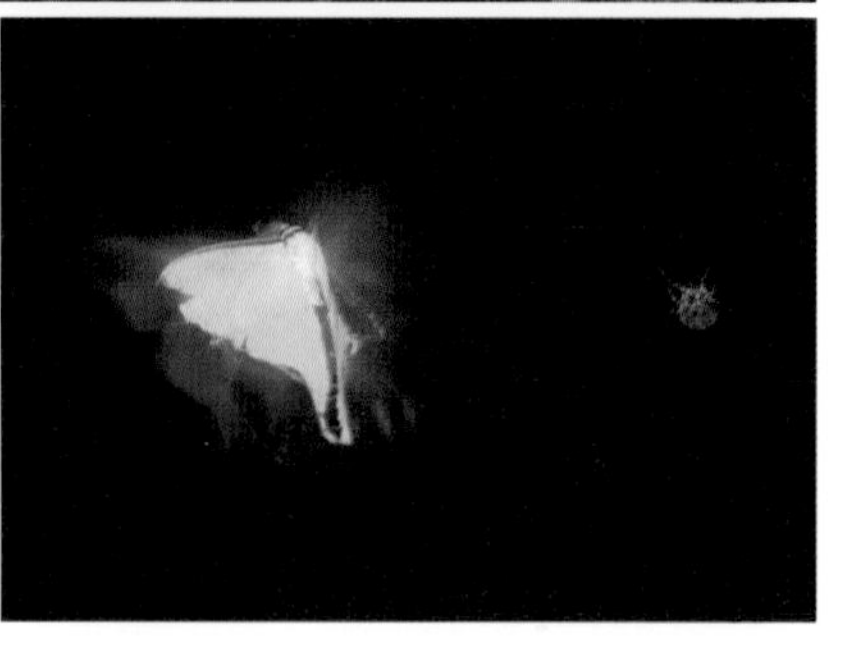

▶クモの網にかかったオオミズアオ
右手にクモの姿が見えるが、あまりにも
巨大な獲物に手を出しかねていた。

▲二つの落日
とうとう動かなくなったオオミズアオ。

◀オオミズアオのメス
オスは、もっと立派な触角を持っている。開張（左右のはねのさしわたし）80～120mm。

「幼虫萌え」の時代（168ページ）

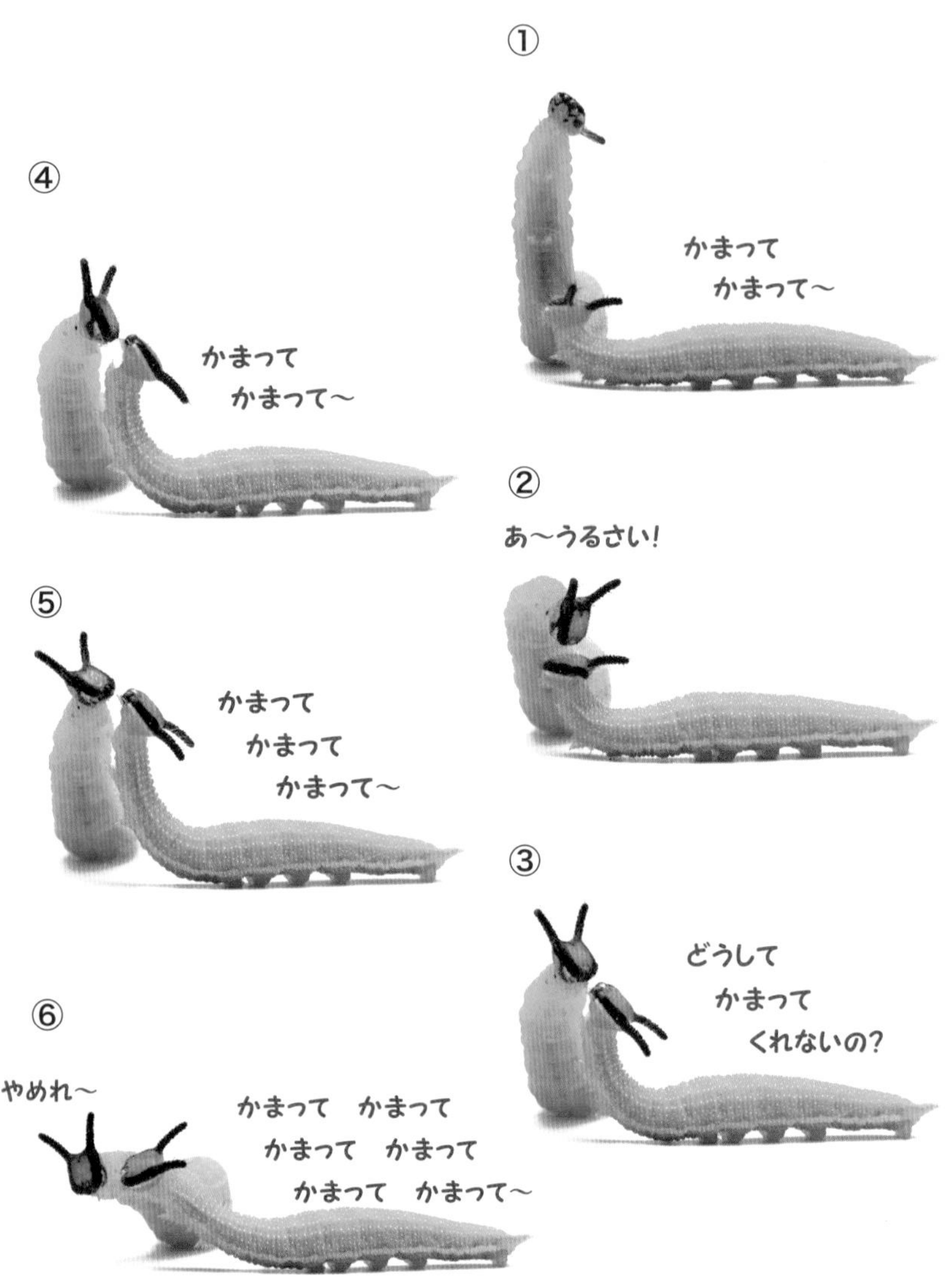

▲おねだりイモムシ

クロコノマチョウの幼虫コンビの演じる姿が、よくできたショートコントのように見えた。

▲オオムラサキの幼虫

「リアルゆるキャラ」として大人気のイモムシ。エノキの葉を食べ、冬は落ち葉の下に貼りついて過ごす。写真は春が来て越冬から目覚めたところ。（成虫の写真は 99 ページ）

▼スミナガシの幼虫

個性派イモムシということでは、このスミナガシの右に出るものはいない。

一人じゃ行けないフユシャク取材 （173ページ）

▲チャバネフユエダシャクのメス（左）と、ナミスジフユナミシャクのメス
堂々たる大きさと、白地に黒ぶちの模様から、「ホルスタイン」の愛称で呼ばれるチャバネフユエダシャクのメス（体長 15mm 程度）。ナミスジフユナミシャク（体長 9mm 程度）とは迫力が違う。

▲交尾するチャバネフユエダシャク（上がメス）
ほかのフユシャクより遅い時間帯に交尾する。本種の交尾が見られるのは、冬の寒さに長時間耐えた虫屋へのご褒美だ。関東平野では 12 月上旬から出現し、年をまたいで 1 月中旬頃まで見られる。

オオカマキリと同伴出勤

この本の最初のエッセイで、ぼくは次のように書いている。

「一番つらいのは徹夜したあげく、虫に何も動きがなく撮影できなかった場合だ。満足感ゼロのまま、帰ってくるまでに羽化や脱皮が終わってしまわないだろうかと気をもみながら、疲れた体を引きずるようにして家を出なければならない。そして、そんなときはたいてい、留守中に羽化や脱皮が済んでしまうのだ」。

そう、「その晩のうちに撮影できる」と思えばこそ、徹夜待機もやむなしと判断したのだから、その後、往復の通勤時間を含め十時間以上も被写体から目を離してしまえば、シャッターチャンスがぼくを待っていてくれるはずがない。待ちこがれた決定的な場面は、ぼくの不在中に何もかも終わってしまうというケースがほとんどだ。羽化や脱皮を控えた昆虫は非常に不安定な状態になっているので、職場に連れていくこともできない。アゲハの蛹(さなぎ)などは、鉢植えのサンショウの枝についているのだから、まさか植木鉢を背負って出勤するわけにもいかないのである。

ところが、非常にまれに撮影待機中の昆虫をスタジオから連れ出せるケースがある。オオカマキリの産卵シーンの撮影が、まさにそれだった。おなかがパンパンにふくれ、今にも卵を産みそうなオオカマキリのメスを一晩中見張っていたが、結局、朝までに産卵しなかった。しかし、このまま放っておけば出勤中に産卵してしまうのは確実と思えた。お産が済んだメスに再び産卵に必要なエネルギーを蓄えてもらうには、最低でも一週間はかかる。その間、撮影できるかどうか不安な気持ちのまま過ごすのは精神的にもしんどいと思った。締切のある仕事である。ぼくはその日の職場でのスケジュールを思い浮かべ、会議などの予定が入っていないことを確認した上で、オオカマキリをミニ水槽に入れて職場へ同伴させたのである。

その日一日、ぼくはオオカマキリのミニ水槽を足もとに置いて仕事した。水槽のフタに足を載せ、メスに落ちついて産卵できる環境を与えないように、延々と貧乏ゆすりをしながら職場での一日を過ごしたのである。「窓際族」といって、仕事ができない人のデスクは窓際の隅っこに隔離されているのがお約束だが、ぼくの席もまさにその「定位置」だったので、貧乏ゆすりで同僚に迷惑をかけずに済むのは好都合だった。オオカマキリとしては、地震で周囲がぐらぐらと揺れ続けている中で卵を産む気になど到底なれなかっただろう。

身重でおなかがパンパンに張っていたそのメスは、ぼくのもくろみ通り産卵しないまま夕方を迎えた。退勤時刻になり、ぼくは勇んで立ち上がったが、不本意にも足の震えがカクカクと止まらない。明らかに貧乏ゆすりのやりすぎである。ロボットのようなぎこちない足取りで駅までの道を歩き、帰りの電車に乗った。電車の中では手に抱えたミニ水槽を顔の近くに引き寄せ、ひたすらにらむようにオオカマキリを見張り続けた。おそらく周りの乗客には、頭のネジが何本も欠けた気の毒なオッサンだと思われたことだろう。その認識が、あながち間違いだとも言い切れない自分が哀れだ。

家に到着すると、スタジオの鉢植えにオオカマキリをそっと止まらせた。ストロボをセットして「その時」を待つ。前の晩、徹夜だったので、上下のまぶたがくっつきそうだったが、ここで眠ってしまっては、一回分の徹夜と半日分の貧乏ゆすりが全部ムダになってしまう。「一日一本が適量」と書かれている栄養ドリンク三本を一気に飲みほして、眠気と戦った。さほど待たされずに産卵するかと思っていたが、そう簡単にはいかなかった。考えてみれば、このオオカマキリも、文字通り「激動の一日」を過ごしたわけだ。電車に揺られ、ミニ水槽を揺さぶられ、また電車に揺られて、ようやくここへ帰ってきたのである。人間だったら、ひどい船酔いになっていたことだろう。ペースが狂ってしまうのも当然だ。

産卵するオオカマキリ
このオオカマキリにとっては、人生で最もうっとうしい存在がぼくだろう。来世で再会したとき、彼女にこっぴどく叱責されることは、甘んじて受け入れなければならないと覚悟している。

二時間待ち、そして三時間が過ぎた。今日もまた徹夜かと思ったそのとき、枝にさかさまに止まっていたオオカマキリのお尻から、真っ白い泡が噴き出してきた。やった！　産卵開始だ。いったん撮影がスタートすれば、どんな濃厚な栄養ドリンクよりも効果的に眠気など吹き飛ばしてしまう。産卵終了までの一部始終をカメラに収め、ぼくは気を失うように深い眠りに落ちていった。

規則正しい生活は健康によいというが、昆虫カメラマンの日常は、不規則そのものである。いっそ不規則一辺倒ならば、それはそれで徹夜の翌日などは一日寝て過ごせばよいが、不規則な生活の中に、サラリーマンとしての規則正しい生活をはみ出さないようにうまく重ね合わせなければならない。撮影を終えた徹夜明けに駅までの道を急ぎ、今日もまた九時には何ごともなかったように職場のデスクに座る。（おお名人芸！　すごいぞ自分！　危なかったけど今日も完璧！）とひとり悦に入るのだが、同僚は、前の晩のできごとなど露ほども知らないわけであるから、誰にも拍手してもらえないのが、ちょっと寂しい。

カナヘビを逃がす日

「オオカマキリの幼虫が、カナヘビ（トカゲの仲間）に食べられてしまう場面を撮ってください」という撮影依頼を受けたことがある。ぼくは、これはなかなか難しい撮影だぞ……と思った。カナヘビは臆病な上に、すばしっこい生きもので、ぼくが見ている前で、都合よくそんな場面を見せてくれるとは思えなかったからだ。目の前においしそうなカマキリの幼虫がいても、その先に、こわい人間の姿が見えたら、きっと食べようとするのをやめて逃げてしまうに違いない。ぼくは野外でそんな場面に出会うことをあきらめ、近所でつかまえてきたカナヘビを、まずはスタジオで飼ってみることにした。

カナヘビを飼い始めてみると、これがなかなかかわいい。昆虫の「複眼」と違って、人間と同じような目の構造であるため、目が合うと、まるで心が通い合うような気がするのだ。撮影のためとはいえ、しばらくは飼育ケースに閉じ込めてしまうわけだから、ぼくはなるべく快適に過ごしてもらえるように気をつけた。

カナヘビは、毎日ぼくが用意する水を飲み、エサ（小さい虫）を食べて、飼育ケース内で卵まで産んでくれた（残念ながら、その卵はかえらなかったけれど……）。最初は、ものかげにかくれるようにしてエサを食べていたのだが、だんだんぼくに馴れてきて、飼育ケースのフタを開けると、エサを期待してぼくを見上げるようにさえなった。そろそろ、よい頃合いかもしれない。オオカマキリの幼虫を一匹入れてみると、一瞬で食べた。よし！　いよいよ本番だ。

ぱくっ！　と食べる仕草は、あまりにも速すぎてカメラのシャッターが間に合わない。でも、たくさん食べているうちに、だんだん動きが鈍くなってきた。そろそろ、おなかがいっぱいになってきたのだろう。オオカマキリの幼虫をくわえたまま、すぐに飲み込まずに、ほんの二、三秒、ためらうような間があり、ぼくはすかさずシャッターを切った。撮影成功。一か月以上も一緒に過ごしたカナヘビは、とてもよいモデルになってくれた。すっかりぼくに馴れているのがわかるので、別れがつらくてならないのだが、これでもう、生まれ故郷に戻してやらなければいけない。

カナヘビを連れて、近所の自然公園に行った。覚えているかい？　ここがきみのふるさとだよ。木道の上にそっと置くと、すぐに逃げようともせず、顔を上げ、ふり返ってぼくを見る。「わたし、こ

オオカマキリの幼虫を食べるカナヘビ
虫はどんなに愛情を注いでも、決して飼い主に馴れることはない。それが当然というスタンスで生きていると、ほかの生きものに懐いてもらえたとき、感激して涙が出ることがある。

のまま行っちゃってもいいの？」解き放たれたことへのとまどいが、その仕草から伝わってくる。目の前に小さな枯れ葉が落ちてくると、飛びついてくわえた。違うよ。それは食べものじゃない。一目散に逃げようとしないで、ぼくの足もとで、普通に食事しようとしている。ぼくに、すっかり心を許している。かわいくて、涙が出た。もうぼくを見上げないでくれ。別れがつらくなるから。

ほどなく、小さな姿は、風に揺れる草の間に見えなくなった。きびしい環境に、再び適応できるだろうか。どうか長生きしてほしいと祈った。

「スタジオ」ってどんなの？

この本に何度か出てくる「スタジオ」ということばだが、「自宅にスタジオがあるなんて、すごくない？　どんな豪邸に住んでるの？」と思われるかもしれない。しかしぼくの場合、ごく普通のマンションの一室を飼育と撮影専用のスタジオとして使っているにすぎない。以前はリビングの片隅にスタジオセットを組んでいたのだが、林立するライトや三脚が居住スペースを圧迫したり、家族がくつろいでいる脇で逃げ出したスズメバチがブンブン飛び回ったりするので、引っ越しにともない、新居の一室を完全にスタジオ専用とすることに決めたのである。

そもそも昆虫を撮るためのスタジオは、それほど大きくなくても間に合う。町の写真館にあるようなスタジオは、七五三などの写真を撮るために、家族全員が一緒に写真に収まるような広さと奥行きが求められるが、昆虫は小さいので、六畳ほどの広さがあれば何とかスタジオとして機能するのである。スタジオの基本セットは、被写体を載せる撮影台と、ぼくが座るための小さな椅子があり、撮影台を取り囲むように四台のストロボが配置されている。撮影台の奥にはボードがあり、ここにはさまざまな背景紙をセットして使う。

夢を壊すような話で申しわけないが、昆虫図鑑に使われるような羽化や脱皮の連続写真は、そのほとんどが野外ではなくスタジオで撮影されている。雨や風、天敵の出現、人為的な干渉など、不確実要素だらけの野外で長時間の撮影待機を行うのは現実的ではない。撮影開始まで何時間もねばった挙句、いよいよというときに、通報を受けて駆けつけたおまわりさんに職務質問でもされたらたまったものではない。「怪しい」と思われたら、すぐに通報されるご時世である。そしてカメラを持ったオッサンというのは、その存在自体がすでに不審者なのだ。自宅の庭なら通報はされないだろうが、小さい昆虫の撮影では、少しの風があるだけでも葉っぱが揺れてピント合わせに苦しむ。職務質問の回避と無風状態がセットで保証され、近くにトイレがあるというだけでも、スタジオ撮影には外では得がたいアドバンテージがあるのである。

撮影台の奥のボードは背景紙をセットするためのものだと言ったが、青空の写真や森のイメージの写真など、いくつかの絵柄がバリエーションとして用意してある。背景紙を上手に使うと野外で撮ったように見え、スタジオ撮影であることを一般の人が見やぶるのは不可能に近い。この本のカラーページに掲載されているカブトムシとノコギリクワガタの闘争シーン（九十八ページ）はスタジオで撮影したものだが、ご覧になってみていかがだろうか。

撮影台とその周辺は、イメージ的には歯医者の診察台に似ている。診察台の周辺は、ライトが患者に向けてセットされ、治療に必要な各種のパーツを載せる台があり、歯をけずる器具などが使いやすい位置にぶら下がっている。自分が歯医者に行くときは、診察台をよ～く観察し、自分のスタジオに活かせる部分がないかということを考えながら治療を受けている。マンションの六畳間では撮影台が一セットしか置けないのが残念だが、欲を言えば二つ以上は欲しい。歯医者の診察台も、たとえ医師ひとりの小さな町医者であっても、二つや三つ並んでいるのが普通だろう。診療中に、次の患者に別の診察台で待機していてもらえば効率がよい。

昆虫撮影スタジオの場合、二つ目の撮影台が欲しいもっと切実な理由があり、たとえばアゲハの蛹化（幼虫が蛹になること）から羽化（蛹から成虫がかえること）までを同一個体で連続撮影する場合、蛹化の撮影を終えてから羽化までは一週間以上待たなければならない。その間、撮影台から蛹を移動させると微妙にフレーミングが変わってしまうので、本当は動かしたくない。しかし撮影台が何日もふさがったままでは仕事に支障が出るため、どうしても移動せざるを得ない。ところが撮影台がもし二台あるなら、連続撮影セットを維持したまま、もう一方の撮影台で別の仕事が続行できるのである。

自宅スタジオにて

ぼくの前にあるのが撮影台、写真右上がモノブロック・タイプのストロボである。普段はもう少し片づいており、わざと少々荒れた状態で撮ってみた……ということにさせてください。

スタジオには、このほか機材の保管庫があり、さまざまな小道具を満載したワゴンがあり、昆虫の飼育ケースが立ち並ぶスチール棚があり、あとはもう自分の身を置くギリギリのスペースしかない。理想を言えば、二台の撮影台を並べて置き、三台目として水の入った水槽が常設できる水生昆虫専用の撮影台があれば満点だが、自宅マンションの限られたスペースにそんな空間を捻出するのは不可能である。以前お邪魔した一流の昆虫写真家のスタジオには、こうしたものがそろった上に水道と流し台まであって、ここまで設備が整っていれば撮影も楽だろうなあ……と思ったが、今のぼくにはまったく現実味のない夢物語である。

これ以上、ものを増やす余裕などほとんどないようなわが家のスタジオだが、あと一つだけ、近いうちに欲しいと思っているものがある。それは小型テレビであり、引っ越し前の家ではリビングの一角がスタジオであったため、あたりまえのようにテレビがあった。撮影待機の徹夜中に最も効果的な眠気ざましになるのは、どんなに濃厚な栄養ドリンクより、テレビ画面から流れる映像と人の話し声である。深夜枠のバラエティ番組などは、適度にさわがしく、また熱心に見入ってしまうものでもないため、エネルギーをセーブしつつローテンションのまま覚醒状態を続けるにはちょうどよい按配(あんばい)なのである。「番組が面白すぎないこと」は意外に重要で、見慣れた芸人さんたちがやがて力をつけてゴールデンに進出していくのは、めでたいと同時に少々寂しくもあるのである。

ファーブルよりシートン

ぼくは小学生の頃、「ファーブル昆虫記」ではなく、「シートン動物記」を愛読した。昆虫少年にしては、めずらしい経歴と言ってよいだろう。ファーブルもシートンも、児童向けの全集を一式、親に買ってもらったが、ファーブルは一回読んだだけ、シートンは、本がすり切れてページがバラバラになるまでくり返し読んだ。ファーブルの昆虫記は、単なる科学の記録に過ぎず、感情移入の余地がない味気ないもので、そこには少しもロマンを感じなかった。「ファーブルはこんなことをしていて、いったい何が楽しいのだろう?」とさえ思っていた。対して、シートンの動物記は、動物行動学の記録をいい意味で逸脱し、対象の動物を擬人化して動物の「心情」に迫った読み物であり、この動物物語は、子供時代のぼくの胸にしみた。

ぼくがこれまでに出した本の中には、窓のあかりに集まってきた虫たちに延々と語りかける『虫のくる宿』（アリス館）や、昆虫の行動をライブパフォーマンスに見立てて、セリフまで言わせてしまう『虫・むし・オンステージ！』（フレーベル館）のような、科学とは異なる切り口のものがいくつかあるが、こうした「昆虫をトコトン擬人化してみせる」という、のちの作風の萌芽が、すでに小学生時代から芽生えていたと言ってよいかもしれない。「ファーブル昆虫記」を愛読するような子供は、おそらく学者への道を志す。ファーブルに肩入れできなかったぼくは、大学も文科系の学部に進み、研究ではない形で昆虫に関わるようになった。

みなさんは、「アウトリーチ」ということばをご存じだろうか？　用語が使われる場面によっていくつか別の意味をもつことばだが、学問の世界では、「専門家が一般の人に向けて自分の研究の意義や魅力を語ること」を言う。その重要な使命の一端は、一般の人にその研究分野への理解を深めてもらい、ファンになってもらって、その分野を目指そうという新たな人材を掘り起こすことにある。よく知りもしない分野において、いきなり研究者を志そうという人はいないだろう。まずは研究対象への傾倒と情熱があり、早い話が「好き」という感情がまずあって、「調べたい、理解したい、研究したい！」という感情は、その先に来るものだ。火山学・地球変動学の権威である鎌田浩毅博士は、次のように語っている。

実験などによって自然界の仕組みを知る喜びは大きい。しかし、理解が進む前に、現象そのものに対する強い愛着が生じていることが、重要なのだ。

たとえば、子どもが河原で石ころ集めに興じている場面を考えてみよう。その子にとって、石そのものが興味を引くのであり、石が丸くなった理由や、その石がどこから来たかについて、最初から興味をもつわけではない。（中略）理数科の教育では、仕組みの学習にすぐ入ろうとする。しかし、子どもたちの興味は、まだそこまで熟していないことが多い。目の前にある不思議なモノを、もっといじっていたいのである。

石そのものの美しさに気づいた後に、由来や成因について興味を喚起してゆくのは、さほど難しいことではない。ポイントは、ものや現象に対する好奇心を育む場をゆったりと持てるかどうか、なのだ。ここにアウトリーチの本質がある。

（東京大学出版会『ＵＰ』二〇〇四年十二月号 No.386「基礎科学のフロンティアとしてのアウトリーチ」）

ぼくが昆虫の写真を撮るのは、世の人々に自分がこの世で一番すばらしいと思っているものへの共感をうながし、自分と同じように昆虫のファンになってもらいたいからであり、それには、あまり人に知られていない昆虫の魅力を、自分の作品を通して世間に吹聴したいという思いがある。ぼくも昆虫図鑑や科学絵本などを作ることがあるが、図鑑や科学書は、昆虫が好きとか、少なくとも興味がある、という段階をクリアした読者のためのものであって、ぼくは何よりもまず、昆虫への関心や興味がまだ希薄な読者層への「アウトリーチ」がしたいのだ。学者でもなく、理科系の学部出身でもなかったぼくの使命は、専門書を作ることではなく、一般の人を魅力的な昆虫の世界に引っ張ってくることではないかと思う。ファーブルよりシートンを愛読し、生きものを擬人化することが好きだった少年のごく庶民的な感性は、昆虫を科学の文脈から解き放ち、一般の人の感情に訴えることで、新たな昆虫ファン開拓につながる何かをきっと生み出せるのではないかと思っている。

『虫とツーショット——自撮りにチャレンジ！ 虫といっしょ』（文一総合出版）を出版社に売り込んだ際の企画書に、ぼくは次のように書いた。

この写真絵本企画は、いわゆる科学絵本とは少し違います。聞きなれないことばですが、昆虫エンターテインメントとでもいうべきでしょうか。科学絵本や教養ものは、その対象に興味のない子供は、親や先生から言われて仕方なく読むというケースも少なくないようですが、まず子供たちに「虫好き」になってもらいさえすれば、（作者がそうであったように）教養ものは放っておいてもひとりでに読むようになります。この企画には、昆虫をより身近に感じてもらい、子供

◀『虫とツーショット』

▼シャクトリムシとツーショット（『虫とツーショット』から）
読者から、「シャクトリムシにハグされて、ここまでデレデレになれるのも、芸のうちですよね……」と感心（？）されたカット。

たちにまず虫と友だちになってほしい、という作者の願いが込められています。巻頭のリード文に、「虫といっしょ、ツーショット」とありますが、見て笑って楽しんで、昆虫に親近感を持ってもらえればよい。これを見たあとで、虫嫌いの子供が自分も虫にさわってみたいと思ってくれたり、また、作者の最終的な希望としては、これをまねて、虫といっしょに記念写真（ツーショット）を撮りたがる子が続出でもしたなら、それは最高のリアクションです。

ぼくの制作志向は、まさにこの企画書の文中に集約されている。昆虫がもともと好きな「同志」に向けた本よりも、まだ「好き」までいかない層に対して、ぼくはさまざまな表現手段を駆使して昆虫の魅力を伝え、より多くの昆虫ファンを新規に開拓したいのである。

虫の名前のことば学

みなさんは、虫の名前をいくつぐらいご存じだろうか？　チョウやトンボ、セミ、バッタといった名前は、その中に多数の種を含むグループ名称であり、「チョウ」とか「トンボ」といった名前そのものの虫はいない。そういう意味では、「カ（蚊）」とか「ガ（蛾）」という虫もおらず、日本で一番短い虫の名前は、「ケラ」や「イガ」（衣蛾）など二文字である。

昆虫は、名前がついているものだけでも世界に百万種、日本に限っても三万種以上がいるので、それらを全部覚えることなど到底できない。図鑑を見ても、そこにある一定の命名パターンを知らないと、名前を調べるのもひと苦労である。世界共通の名前（学名）はラテン語で記され、たとえばカブトムシなら、「トリポキシラス・ディコトーマス（*Trypoxylus dichotomus*）」というが、専門家でもない限り、学名まで覚える必要はない。中には、「ネキダリス・ギガンテア（*Necydalis gigantea*）」

（オニホソコバネカミキリの学名）とか、「オルニトプテラ・プリアムス・ポセイドン（*Ornithoptera priamus poseidon*）」（メガネトリバネアゲハの学名）といったように、巨大ロボットアニメのようなカッコいい名前もあるけれど。

日本語による名前は標準和名と言い、チョウやトンボ、セミ、バッタといった名前の基幹部分に、形容することばが一つ以上添えられて成立する。「モンシロ」チョウや、「シオカラ」トンボ、「ミンミン」ゼミや、「オンブ」バッタといった具合である。たとえばモンシロチョウ（紋白蝶）は、黒い「紋」のある「白」い「蝶」として名前が構成されているが、こうした命名パターンを少しでも理解しておくと、実物のイメージとリンクして覚えやすい。「オオトビサシガメ（大鳶刺亀）」なら、「大」きな「鳶」色をした「刺」す口を持つ「亀」虫、と分解することで、実際の姿がイメージできるわけである。

標準和名で使われる形容には、平易な日本語をあてるケースが多く、覚えにくいということはない。体の色からの命名では、「ベニ」トンボとか、「クロ」アゲハとか、「アオ」カナブン、大きさからの命名では、「オオ」アメンボとか、「コガタ」スズメバチとか、「コ」クワガタといった具合で、「オオアオイトトンボ」のように、「大」きな、「青」い、「糸」のような細長い体を持つ「トンボ」といった複数の形容することばを組み合わせて名前が構成されることも多い。

面白いのは大きさを示すことばで、おそらくは目につきやすい大型の種から命名していった結果なのだろう。「標準サイズより大きい」ことを形容することばは、基本的には「オオ」と「ヨコヅナ」、「トノサマ」ぐらいしかない。それに対して、「標準サイズより小さい」ことを表すことばは、これよりずっと多いのである。たとえば「ゲンゴロウ」という虫がいるが、このグループの中の最大種を、後先を考えずに「ゲンゴロウ」と命名してしまった。以後、ゲンゴロウ以上の大きさの種はグループ内に発見されず、一方、小型種が次々に発見されたことで命名の必要に迫られ、「コガタノ（小型の）」、「ヒメ（「姫」は小さいことを表す定番用語）」、「マメ（豆粒のような）」、「ケシ（けし粒のような）」、「ツブ（粒のような）」、「コツブ（粒よりさらに小さい）」、「チビ（説明不要）」といったように、笑い話のような「大きさ指標のデフレ・スパイラル（？）」が生じたのである。

昆虫の標準和名を覚えやすくするための情報を、次にまとめておこう。

「大きさ」からの命名

（大きい）オオ、ヨコヅナ、トノサマ

（小さい）コガタノ、コ、ヒメ、ヒナ、マメ、ケシ、ツブ、コツブ、チビ

「生息域」からの命名

エゾ（蝦夷＝北海道などの寒冷地にいる）、リュウキュウ（琉球＝沖縄にいる）
ハマベ（浜辺＝海岸にいる）、ナガレ（流れ＝渓流とその周辺にいる）
サト（里＝平地にいる）、ミヤマ（深山＝山奥にいる）、タカネ（高嶺＝高山帯にいる）

「体の特徴」からの命名

ヒゲナガ（髭長＝触角が長い）、オナガ（尾長＝尻のあたりに長い突起を持つ）
コガシラ（小頭＝頭部が小さい）、ツヤ（艶＝光沢のある）、キン（金＝キラキラ輝く）
ヒラタ（平た＝平べったい体をした）、ハラビロ（腹部が幅広い体形の）
ホシ（星＝星のような斑点模様のある）、ムカシ（昔＝原始的な特徴を持つ）

「似てはいるが別種」からの命名

ニセ（偽）、モドキ（擬）、ダマシ（騙し）

最後のものは、まるでその種が「にせもの」みたいな失礼な命名法だと思うが、「ニセ」ノコギリカミキリや、ヒメカマキリ「モドキ」、ヨツボシテントウ「ダマシ」など、使用例は決して少なくない。たまたま先に名を授かったほうが「本家」となり、のちに発見された「似て非なるもの」を悩まずに命名するには便利なことばかもしれないが、もう少しどうにかできなかったものかと残念に思う。

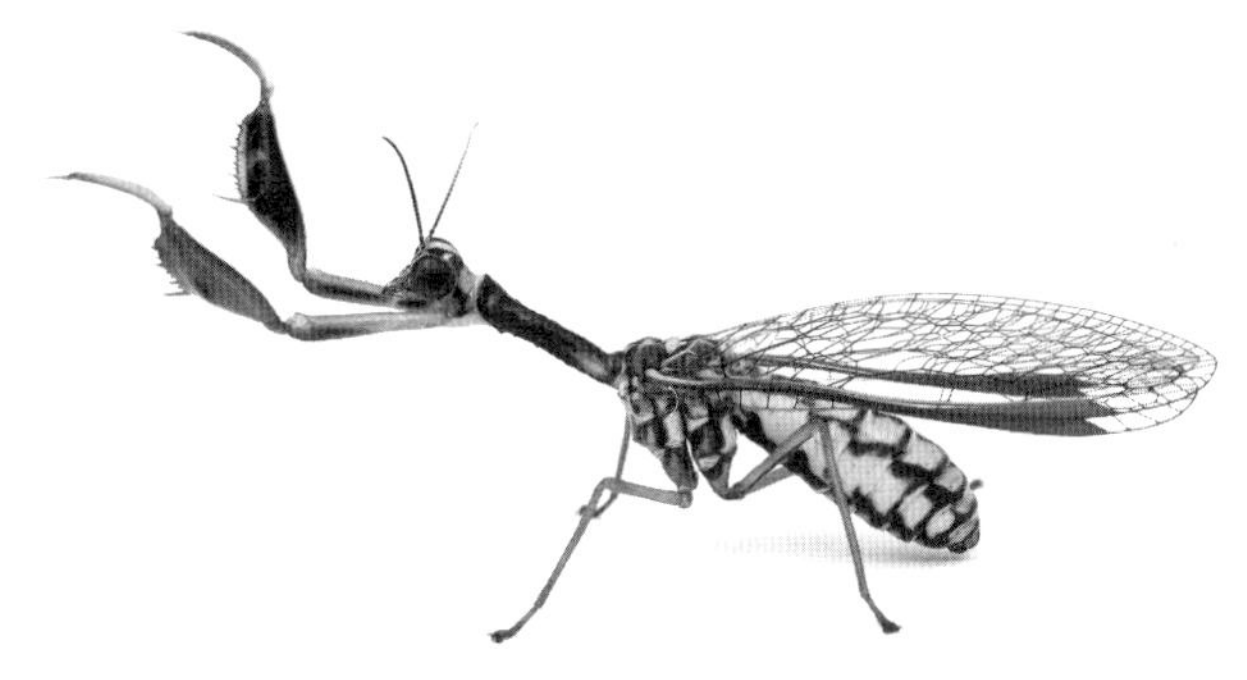

ヒメカマキリモドキ
体長 16mm 前後（はねは含まない）。

ヒメカマキリモドキの捕食
カマキリのような前あしで獲物を捕らえて食べる。「カマキリのバッタもん」みたいな名前だが、もし過去の命名順が逆であったなら、こちらが「本家」になっていたかもしれない。今回の獲物はクサカゲロウの一種で、分類上はヒメカマキリモドキと同じ陣営（アミメカゲロウ目）の仲間である。

「ケラ」など、二文字名前が日本で一番短い虫の名前だと言ったが、では最長の名前を持つ虫は何だろう？　それは、「オガサワラチビヒョウタンヒゲナガゾウムシ」をはじめとする、二十文字の虫だと言われている（※）。漢字に分解すると、「小笠原」「禿び」「瓢箪」「髭長」「象」「虫」となり、意味としては、「小笠原に生息する、非常に小さい、ひょうたん型をした、触角の長い、象の鼻のように長く伸びた口器を持つ虫」ということになる。インターネット検索をすると、「エンカイザンコゲチャヒロコシイタムクゲキノコムシ」というさらに長い名前がヒットするが、これはフェイクであって、そんな名前の虫はいない。

ちなみに、人名にもありそうな虫の名前としては、チョウでは「大村　沙紀（オオムラサキ）」、蛾では「柿葉　友恵（カキバトモエ）」、甲虫では「小島　源五郎（コシマゲンゴロウ）」などがあるが、ぼくはまだそういう名前の人に出会ったことはない。もし、そんな素敵な名刺を差し出されたら、その場でさっそく「友達申請」してしまうかもしれないが……。

※「リュウキュウジュウサンホシチビオオキノコムシ」は二十二字だぞ、という人がいるかもしれないが、オオキノコムシ科の標準和名末尾には、通常「ムシ」はつけない。よって本種の標準和名は「リュウキュウジュウサンホシチビオオキノコ」とすべきであり、やはり二十字である。

「樹液酒場」はパラダイス

種を超えて、さまざまな虫たちが一堂に会するお祭りがあったら……。虫好きの子供なら、一度は夢想するパラダイスだと思うが、そうした願望は多くの場合、絵本の世界に満たしてもらうしかない。

しかし、雑木林の樹液酒場は、まさに種を超えた昆虫コミュニティと言ってよく、現実の世界にもそんなパラダイスが存在する。クヌギやコナラなどから出る樹液に群がる虫たちは、さながらお祭り広場に集まるにぎやかな団体客のようだ。巨大な食卓を囲みながらの押し合いへし合いは、そこにさまざまな駆け引きや小さなドラマを生み出し、見ていて飽きることがない。バトルあり、ロマンスあり、この昼夜営業の樹液酒場は、昼と夜とで常連客の顔ぶれがガラリと入れ変わることも、見物する楽しみの一つだ。

昼の樹液には、チョウやハチ、カナブン、ハナムグリなどが訪れる。樹液がよく出る場所で食事をするには競争があるが、チョウははねを閉じると紙のように厚みのない姿となり、何匹もが寄り添って食事することができるため、チョウ同士はめったに闘争には発展しない。例外は国蝶のオオムラサキで、樹液から少し離れた場所に着陸すると、大きなはねをバサッ！　バサッ！　と開閉しながら、悠然と特等席に近づいていく。ほかのチョウやカナブンなどは飛びのくように席を譲り、スズメバチの小型種でさえ蹴散らされてしまうことがある。風格や、時には威厳まで感じさせるほどで、昼の樹液酒場の頂点に君臨するのは、オオムラサキとオオスズメバチということになるだろう。カナブンやハナムグリは小さな頭で延々と押し合いへし合いしているが、小競り合いといった感じで大きなバトルにまでは発展しない。

昼のお客さんには、「色気より食い気」というタイプが多く、チョウやハチなどの求愛シーンを見かけることはまずない。オオムラサキはここでも例外で、オスがメスに求愛する姿を何度か見ているが、交尾にまで進展した例を見たことはない。「食べものを求めて同じ仲間が集えば、そこには結婚相手もいるはず」というのは、最も合理的な出会いのシステムだと思うのだが、雌雄入り乱れて食事をしていても、浮いた話の一つも出ないというのは、実に不思議なことに思える。

カナカナカナ……。降りそそぐようなヒグラシの大合唱に雑木林が包まれ、夕焼けが地平線を染める頃になると、昼の営業はお開きとなり、チョウやハチは樹液酒場から森のねぐらに順次帰っていく。

飲み足りないカナブンやハナムグリの一部が引き続き留まり、夜も活動的なモンスズメバチが、オオスズメバチが去ったあとの樹液酒場を一時的に支配する。しかし、そんな時間も長くは続かない。雑木林の真の王者は、夜の闇にまぎれて現れる。

ブルルルルッ！　バタバタバタッ！　という派手な羽音とともにカブトムシが現れると、樹液酒場の様相は一変する。この頃には、クワガタムシやカミキリムシなど、甲冑（かっちゅう）を着た夜の戦士たちも続々と駆けつけてきており、情け無用の力勝負が次から次へと展開される。目立った武器のないカミキリムシは瞬時にカブトムシの軍門に下り、立派な大あごを持っていても比較的温厚なミヤマクワガタは争いに積極的ではなく、鋭い大あごと激しい気性を兼ね備えたノコギリクワガタだけがカブトムシを本気にさせる。カブトムシvs.ノコギリクワガタは、昆虫少年を熱狂させる黄金カードと言ってよいが、ノコギリクワガタも善戦はするものの、カブトムシに打ち勝つケースは一割にも満たないだろう。

やがて序列が決まると、ようやく樹液酒場が落ち着きを取り戻すが、平和な時間もそれほど長くは続かない。「色気も、食い気も」というのが夜の常連客である。樹液酒場を次々に訪れる新客の中にカブトムシやクワガタムシのメスがいると、今度は同種間のオスでメスをめぐる熾烈（しれつ）な戦いが始まる。あちこちで同時多発的に起きるバトルの中で体が偶然に接触すると、それを宣戦布告と誤解した相手が受けて立つこともあり、夜の樹液酒場の混乱は、夜明けまで完全に収束することはない。

子供向けの昆虫の本には、樹液昆虫の「番付表」が出ていることがある。カブトムシ（横綱）、大型のクワガタムシ（大関）、スズメバチと小型のクワガタムシ（関脇）、カナブンとハナムグリ（小結）、チョウとハエ（前頭）といった具合だが、これはこれで、樹液酒場での力関係をおおむね正しく反映しているものの、もう一つ、「力勝負をしない勝ち組」ともいうべき戦略家たちの存在を忘れてはならない。

派手な立ち回りで目立つのは、カブトムシやクワガタムシなどの力自慢たちだが、夜の常連客の最大派閥は蛾である。蛾の中には、ヘリコプターのように「空中停止飛行」をしながらストロー状の口吻を伸ばし、大型甲虫の背後から樹液をかすめ取ることのできる者がいる。ベニスズメやクルマスズメなどのスズメガ類は、カブトムシの背後の空中にピタリと静止し、口吻をするすると伸ばしてカブトムシの頬をかすめるような位置から樹液を吸う。平面上の攻防にこうした三次元の支配者が現れると、もはや競技種目自体が異なるという感じで、上空からの奇襲はカブトムシをいっさい刺激しない。口吻という器官は、針の先ほどの接地面積で樹液を吸えるのも強みだ。彼らはこうして巧みに先客をやり過ごし、土俵に上がることもせずに満腹して帰って行ってしまうのである。「番付表」には登場しない「番外」とも言える種だが、樹液を心ゆくまで吸えた者が勝利者であるとするならば、スズメガ類も樹液酒場の勝ち組と言ってさしつかえないだろう。

「歯牙にもかけてもらえない」作戦？

ノコギリクワガタの左右の大あごの真ん中で樹液を舐める２匹のクロオオアリ。長大な武器をこうしていとも簡単にかいくぐられてしまうと、ノコギリクワガタも彼らの無礼講を黙認せざるを得ない。強い虫ほど樹液が豊かに出る場所におり、アリたちは他力本願でよい席にありつくことができて、さぞかし痛快であろう。（※ 関連写真をカラーページに掲載）

戦略家ということでは、ケシキスイやアリなどの非力な虫たちも、樹液酒場で自分の居場所をきちんと確保できている。小さくて体に厚みのないケシキスイは、樹皮の凹凸に完全に埋没することができ、誰に気づかれることもなく、昼も夜もうまい酒にありついている。スズメバチなどがしばしば頭上を駆け抜けていくのだが、「踏んでも気づかず、踏まれても動ぜず」で、存在の気配をすっかり消し去っているので、誰の関心をひくこともない。ほとんど「樹液酒場の玄関マット」とも言うべき雑な扱われようだが、それでも思う存分樹液を堪能できるのだから、彼らもまた立派な勝ち組というべきであろう。

ケシキスイよりさらに小さなアリなどは、ちょこまか動いてよく目立つものの、カブトムシやクワガタムシには、もはや攻撃する手段がない。武器の大きさがアリのサイズに対応できないのである。ノコギリクワガタの左右の大あごの真ん中で樹液を舐めるクロオオアリを見たことがあるが、「歯牙にもかけてもらえない」を地で行く作戦は、見ていてなかなか痛快である。弱者には弱者なりのやり方があり、誰であれ、自分の身の丈に合った「処世術」があるということだろう。

カブトムシって、夜のお客さんなの？　昼の樹液で見たことがあるよ？　という人も多いかもしれない。確かにその通りで、真昼間からカブトムシが樹液を舐めているというのは、それほど珍しい光景ではない。しかし、それらは夜間の激しい闘争に勝利できなかった敗者の姿であることも多い。ぼくなどは、傷だらけのカブトムシがチョウやカナブンを蹴散らしながら樹液酒場を支配している場面に出くわすと、そこに勇ましさより、本来の階級で勝てずに夜の世界を追われた者の痛々しさを感じてしまう。時にはそんな「深読み」をしてみるのも味わい深いもので、さまざまな観察の視点を持てるようになると、野に出て虫を見る楽しみもますます広がっていくことだろう。

「得意科目」が暗示するもの

ぼくは高校時代、「生物」と「現代国語」以外の科目は、ひどく成績が悪かった。特に数学の成績の悪さは著しく、一年生のとき、一学期から三学期まで「オール1」となり、二年生に進級できずに落第した。ぼくが入った高校は、まだ創立五年目で落第生が出たことはなく、ぼくが初代として校史に名を残すことになった。むろん、第一号だからといって、誰にも尊敬してはもらえない。むしろ後輩から、「あんたが変な前例を作るから、みんな自分も落とされるんじゃないかと戦々恐々としている！」と説教されたこともある。ぼく以前にも進級できなかった者は何人かいるらしいが、落第が決まると同時に退学してしまうため、落第してなお、おめおめと在籍し続けたのは、ぼくが初めてだったのである。

ぼく自身は、落第がそれほど大ごとだという認識はなかったので、「このままでは進級できないぞ！」という再三の担任の脅しにも屈せず（？）、ちっとも勉強しないでいた。まだ落第生が出ていないということも、どうせ進級できるに違いないという根拠薄弱な安心材料になっていた。ところが三月のある日、夜遅くに一本の電話がかかってきて、母がぼくに担任のT先生からだと言って受話器を渡す。

「ハイ、代わりました」

「森上か……。先生だ。とても言いづらいのだが……、おまえは原級留置ということになった。わかるか？　原級留置」

「わかりません」

「平たく言うとだな……、落第ということだ。四月から、もう一度一年生をやってもらう。先生な……、さっきまで職員会議で、おまえのために一生懸命がんばったんだぞ！（涙声）　森上はやれば絶対できるやつです。今回だけは何とか進級させてもらえませんか、ってな！」

「……」

「だけどな、おまえの数学の成績では、どうやっても救えないということになった。今年一年間のおまえの数学の平均点、何点だったと思う？」

「わかりません」

「五・五（ごーてんご）点だ」

「じゅ……、十点満点でしたっけ？」

「馬鹿もんッ！」

T先生としては、ぼくのために職員会議で矢面に立たされ、それでも必死に体を張ってかばってやったというのに、このコントじみたやりとりは何ごとだろう。落第する本人がボケとる場合か！　と言いたかったに違いない。お怒りはもっともである。さすがにぼくも、大人となった今となればT先生の無念さはわかる。「親の心、子知らず」といったところだろうか。T先生には、本当に申しわけないことをしたと思う。

そんなわけで落第したのだが、高校には「学年カラー」というものがあり、体育のジャージや上履きの色が、入学年によって区別されている。落第前は、えんじ色が学年カラーだったが、落第後は緑色が新しい学年カラーになった。ところが、四月の最初の体育の授業に、なぜかジャージのズボンだけが間に合わないことになった。新入生ではないということで、おそらく出入りの業者がぼくの存在をすっかり忘れており、たまたまジャージの上だけは在庫があったということだろう。ぼくはやむを得ず、上着は緑色の新カラーで、ズボンはえんじ色の旧カラーで最初の体育の授業に臨まなければならなかった。ぼくは落第がさほど大ごとだとは思っていなかったので、新しいクラスメートには、

高校時代のぼく
中央上のカットは、修学旅行先の旅館で、プロレスの足技をかけられているところである。

「進級できませんでしたが、仲良くしてください」とあいさつを済ませており、落第の事実は秘密ではなかったものの、「上は緑、下はえんじ」というのは、単純にコーディネートとしてぼくの美学には反する。しかも、そんな姿で体育の授業を受けているぼくに気づいた二年生（もとは同学年だった仲間）が、二階の教室からぼくを見下ろして、ゲラゲラ笑っている。

「森上～！　半分だけ二年生になったのかよ～？」、「下半身はどうした～！」、「昆虫の脱皮失敗かあ？」などと口々に大声ではやしたてる。多少は腹も立ったが、「昆虫の脱皮失敗」というのは非常に的確な喩（たと）えであって、ぼくは不覚にも感心してしまった。物理的な現象面における直喩に加え、ぼくが新しいステージへ進めなかったことへの隠喩にもなっており、実に文学的な表現だと唸った。

「上は緑、下はえんじ」の落第生を描写することばとしては、これ以上ない模範解答と言ってよいだろう。

　数学は、落第後もぼくを苦しめ、いつもギリギリで進級できるという状態から一歩も前進はしなかった。しかし、「生物」は五段階評価の最高点である「五」を取り続け、「現代国語」にいたっては学年で二位になったこともある。学校時代の成績なんか社会に出たら何の意味もない、という意見もあるが、意外にそうでもないのではないだろうか。ほかの科目はまったくダメでも、「生物」と「現代国語」だけはできた、という事実は、今このようにぼくが昆虫の本を書くようになる未来の一端を、当時から地味に暗示していたのかもしれない。

「生物」の理学部か、「現代国語」の文学部か、という進路決定の際には、もちろん数学が赤点の身で理学部など志望するはずもなく、ぼくは一九八三年の四月、立教大学の文学部に進学することになる。

昆虫少年の原風景

「虫屋」と呼ばれる大人には、たいてい昆虫少年（少女）だった過去がある。大人になってから虫の魅力に目覚めたという人はあまり見たことがない。昆虫の魅力をいくら力説しても、大人にわかってもらうのは子供の何倍も難しい。それがなぜなのか、ずっと謎だったが、小林朋道博士（動物行動学）の著書（※）で人間の脳の発達について書かれた一文を読み、ぼくは、なるほどそういうことかと唸った。幼児が言語を聞かずに育つと、脳の「言語認知専用領域」が活性化されず、その後のことばの習得に影響が出るという。それと同様に、幼児期に生きものとのふれあいを経験せずに育ち、脳の「生物認知専用領域」がもし不活性のまま終わってしまったら……と締めくくられ、その先の結論は読者に委ねられていたが、幼児期に生きものと肌でふれあうことなしに育ってしまった大人は、虫の魅力に気づくための脳の「回路」がもはや閉じてしまっているのではないかと思う。「絶対音感」

の獲得にも幼児期までの訓練が重要とされるが、虫と出会うべき時期の大切さについて考えさせられる本であった。

ぼくの昆虫少年としての原風景は、「おじいちゃんと一緒の田んぼ」である。三歳の頃であったと思う。当時、両親は共働きで、ぼくは毎朝、近所の祖父母の家に預けられ、夕方になると母が迎えにくるという生活を送っていた。祖父はすでにリタイアしており、初孫であるぼくをかわいがってくれ、日中はずっと祖父に遊んでもらっていた。毎日のように近所の田んぼにくり出し、祖父とともに用水路でドジョウやザリガニをすくい、また網を持ってチョウやトンボを追いかけた。色も形もさまざまな生きものが、田んぼのあちこちにひそんでいるのが面白くてたまらなかった。あぜ道には大小の木片や、なぜかトタン板まで落ちており、それらを起こしてみるのが日課だった。今日は下に何が隠れているのか？　息も止まるほどの期待に胸をふくらませ、板に手をかけるときのドキドキは今も忘れられない。

母はほどなく専業主婦になり、祖父母の家に預けられることもなくなったぼくは、ひとりでも田んぼに出かけるようになった。サポートしてくれる祖父がいないと、こうも簡単に田んぼに落ちてしまうのかと、子供心にもしばしばバツの悪い思いを抱えながら家に帰ったものである。母は叱らずに、「一日一回までは田んぼに落ちてよい」と言ってくれた（いま思えば、なかなか豪快な教育方針だ）。

実際には一日に三度落ちたこともあるのだが、それでも叱らずにいてくれたことを感謝している。泥だらけで帰ってきた息子に母は庭でホースを使って水をかけ、当時外にあった洗濯機に衣類を放り込み、ぼくは服を着替えさせてもらって、また田んぼへと出かけて行った。田んぼにいる時間は、農家の人なみに長かったかもしれない。

その頃に買ってもらった昆虫図鑑が、ぼくの昆虫熱を決定的なものにした。図鑑は調べるためのものではなく、ぼくにとっては「アイドル名鑑」であった。図鑑で虫を知り、恋焦がれ、そして会いに行く。ぼくにとっては昆虫こそが、まさしく「会いに行けるアイドル」であった。その後、ぼくは大人になって図鑑を作る側に回るわけだが、子供向けの図鑑というのは、「調べ学習」だけに寄与するものであってはならないと思っている。子供の図鑑には、「対象へのあこがれを育む機能」が付与されていなければならない。百二十ページで、アウトリーチの話とともに「愛着は、科学的興味に先んじる」ということについて述べたが、くだくだしい解説よりも、一枚の印象的な絵や写真が子供のハートにストライクに刺さることを、ぼくは身をもって知っている。成長過程にある子供たちの脳の、「生物認知専用領域」をビンビン刺激するような写真を撮りたいというのが、ぼくの切なる思いである。

今の昆虫少年たちを見ていると、やたら「本格派」が増えたなと思う。それは周囲の大人がそう仕

初めての昆虫図鑑

使い込まれてボロボロになり、のちに同じものをもう一冊買ってもらった。小学館の昆虫図鑑で育った昆虫少年が、やがて小学館の昆虫図鑑制作に関わることになったのは感無量であった。『小学館の図鑑ＮＥＯ　昆虫』の奥付には、ぼくの名前が24名の写真家・写真提供者の筆頭にクレジットされている。

向けるためだが、虫をつかまえると、即座に毒ビン（酢酸エチルが入れてある殺虫専用器具）に放り込んでしまう子供たちもいて、昆虫関係の行事でそんな光景を見ると、ぼくは寒々しい気持ちになる。昔はよく見られた「空き地で行う三角ベースの野球」が影をひそめ、今の子供は野球をやりたいと思ったら、コーチや監督がいて、ユニフォームを着るような本格的な少年野球の組織に所属しなければならない。昆虫少年の育て方もこれに近づいており、昆虫への愛が本物になる前に、殺して標本にするスキルだけを身につけさせても、果たしてそれで長続きするだろうかと心配になってしまう。せっかく手に入れたノコギリクワガタの大迫力の威嚇姿勢や、指に食い込む爪の力強さ、巨大な大あごにはさまれる痛み、その大あごでまともに攻撃を受けるカブトムシへの共感、そういった生身の昆虫から得られるダイナミックな生命の実体験をすべてスルーして、毒ビンであっと言う間に動きを止め、ただの「物体」に変えてしまう。

　それを正しい「指導」だと思い込んでいる大人を、ぼくは心から苦々しく思って見ている。野球の楽しさを知る前に、「勝利のため」のチームプレーの中に放り込まれたり、昆虫への愛情が育ち切る前に、楽しいはずの虫とりを「研究のため」の資料集めであると洗脳されてしまったり、あらゆることが「高邁な目標のため」でなければそこへの参入資格も認めないような風潮は、人間社会を決して豊かなものにはしないと思う。

柄にもなく「演説」をしてしまったが、ぼくのようなヘタレが言ってもあまり説得力はない。昆虫少年の原風景は、時代とともに様変わりもするだろうし、もちろん人それぞれであっていい。ぼくが育てられたような、「洟垂（はなた）れ小僧は、放たれ小僧」、といった徹底した放任主義が常によいとも限らない。それは昭和のノスタルジーに過ぎないのかもしれない。

ぼくは自分が講師を務める講演会や観察会に来てくれる子供たちに指導をすることがあるが、虫への愛情の到達度はそれぞれであり、そこがまだ不確かな子供には、あまり理科教育めいたことは言わないようにしている。楽しくないことは決して長続きしない。昆虫少年が終生「虫と添い遂げる」には、受験、就職、結婚という「三大関門」があると言われているが、これらにぶつかる前に昆虫愛を確かなものとし、さまざまな障害や迫害（？）をも乗り越えて、どうか順調に育っていってくれますように……と日々祈らずにはいられない。

※『先生、脳のなかで自然が叫んでいます！——［鳥取環境大学］の森の人間動物行動学・番外編』
小林朋道著（築地書館）

アシナガバチ取材の思い出

『小学館の図鑑NEO　昆虫』の制作には、企画の段階から関わらせてもらった。代表的な昆虫の生活史が「〇〇の育ち方」として多数掲載されているが、クモなどを除き、二十九種の昆虫を提案したのはぼくである。これを、もう一人の昆虫カメラマンと分担し、ぼくは十四種類の撮影を担当することになった。撮影期間は二シーズンあったが、最初のシーズンは夏スタートであったため、実質的には「一シーズン半」と言ってよく、期間中に春は一回しかなかった。春スタートの種の撮影は、一発勝負になるということである。

自分の境遇や撮影難易度などは無視して、収録すべき種を公平に選んだため、「フタモンアシナガバチ」の撮影には苦労するだろうということは当初から容易に想像できた。アシナガバチの巣作りのスタートは春である。一発勝負の種であり、しかも巣の完成までを追うには四月から八月まで同じ巣を継続取材しなければいけない。スタジオでの撮影は絶対に不可能であり、野外で撮影できるのは勤務のない日曜日しかチャンスがなかった。巣作りを始める四月から巣が完成する八月上旬までの日曜日は合計十七日、ゴールデンウイークを含めても休日は二十日ほどしかない。梅雨の時期も含まれるため、撮影に行ける日は十五日程度しかないと思うべきだろう。しかもフタモンアシナガバチは十四種類のうちの一つに過ぎず、ほかにもアゲハやタガメ、シオカラトンボなどの撮影を並行して行わなければならない。この「兼業カメラマン泣かせの虫」をぼくは取材計画の中心に据え、二シーズン目の春がスタートした。

四月の最初の日曜日、ぼくは家の近くのフィールドで血眼になってフタモンアシナガバチの姿を探し求めた。同じ巣を継続取材するのだから、できるだけ家の近所で見つけたい。しかし時期が少し早すぎたようで、越冬明けのフタモンアシナガバチの女王たちは、まだ花で蜜を舐めることに忙しく、巣作りを始めそうな個体は見つからなかった。この時点でもう、本種の取材に黄色信号が灯った。四月の半ばには女王バチは巣作りを始める。巣作りのスタートから撮らねばならないが、翌週には巣作りが始まると見るべきだろう。取材の初日が空振りに終わったことで、ぼくはすでにあとがないところまで追い込まれてしまったのである。

翌週はもう贅沢を言ってはいられない。ぼくは家の近所で撮影したいという思いを捨てた。電車で二時間の場所にフタモンアシナガバチが極端に多いポイントを知っていたので、今後いかに通うのが大変であっても、巣作りのスタートを撮りこぼさないようにすることをまず優先したのである。翌週の日曜日は、幸いにもよく晴れた暖かい日となり、いかにもアシナガバチの女王が巣作りを始めそうな絶好の休日となった。その場所は東京の多摩川水系の河川敷で、春はまだ草丈も短く、見通しもよい。女王バチの動向が広範囲に見渡せることも好都合だった。

図鑑に掲載すべきアシナガバチの代表としては、最普通種の二種、フタモンアシナガバチかセグロアシナガバチのいずれかが選ばれる。ぼくは巣の拡大と季節との関係を写真の背景に語らせるため、やぶの中に営巣するセグロアシナガバチではなく、河川敷などの開けた環境を好むフタモンアシナガバチを掲載種として選んだのだが、結果的にはその環境の見通しのよさが、ぼくに幸運をもたらした。一匹のフタモンアシナガバチの女王が舞い降りた草地に駆け寄ると、最初の育室ができたばかりの巣が見つかった。「巣作り開始」の絵柄としてはこれで十分である。巣材を運んできた女王バチが、それを育室の外壁に塗っていくシーンがすぐに撮れた。ひとまず撮影は成功である。しかし同じ巣で完成までを追い続けるのだから、事故に備えて最低でも三つぐらいの巣を並行取材しないと危険だと思った。

実は、アシナガバチの取材で最も困難な部分はそこであり、巣がファイナルステージまで発展でき

フタモンアシナガバチ
体長 14 ～ 18mm。

フタモンアシナガバチの初期巣
巣作りを開始して間もない４月の巣である。女王バチは木材の繊維などに唾液を混ぜて巣材を作る。パルプから紙を製造する工程に似ており、実際にアシナガバチは英語ではペーパー・ワスプ（Paper wasp ＝紙のハチ）と呼ばれる。巣の背後に見えている水面は多摩川の支流。

る割合は、印象としては半分にも満たないのではないかと思う。女王バチが天敵に襲われたらその時点で終わりだし、強風や豪雨で巣が落下することもある。河川敷に除草作業が入れば巣ごと刈り取られてしまうであろうし、ハチを危険と見なす地域住民から通報があれば行政が駆除することも考えられる。子供のいたずらによって、女王バチが巣を放棄してしまうかもしれない。見通しのよさが今度はあだとなり、駆除やいたずらなどの人為的干渉にさらされる危険性は高くなる。

しかし並行取材のためのスペアの巣は、その場所ではどうしても見つけることができなかった。場所を変えて探すしかない。そこからさらに電車で二十分ほどの場所に、第二の候補地があった。二時間をかけてやってきた場所のスペア取材を、さらに二十分かかる場所で八月まで行うのはしんどいと思ったが、「撮影中の巣をアクシデントで失い、巣作りの最後まで撮れませんでした」では済まされない。ぼくは再び電車に乗って、第二の候補地に向かった。めざしたのは、同じ多摩川水系のもう少し上流である。

その場所の河川敷に下りると、いつもなら陸がつながっているはずの場所が流れによって分断され、中の島のようになっていた。その場所こそが、フタモンアシナガバチを多産するエリアである。「いつだって長靴姿」（五十八ページ）に書いたように、そのときもぼくは長靴を履いていたため、川の流れに足を踏み入れ、どうにか中の島に渡ることに成功した。最も目につくのはコアシナガバチだったが、二つのフタモンアシナガバチの初期巣が見つかり、「最低でも三つ」と言った通りの巣の並行取材が始まった。アシナガバチの取材は、巣作りのスタート時点に立ち会うのが最大の難所であり、その後の撮影は巣を失わない限り、それほど難しいことはない。こうして取材二週目は、どうにか及第点の結果となった。

その後二か月は、日曜日ごとに二か所のポイントに通った。草がどんどん伸びて巣の周辺を覆い、人に見つかる危険性は次第に低くなっていった。それはまた、巣の背景に緑の面積が広がることで、季節とともに巣が発展していくさまを画面の中で雄弁に物語る演出効果としても機能した。

このまま、無事に六月を迎えられれば働きバチが羽化してくる。そうなれば、働き手を得た女王バチは産卵だけに専念でき、巣を離れる必要がなくなる。しかし働きバチが羽化するまでの間、女王バチは、育室の増設、外壁の補修、幼虫の育児（イモムシなどをハンティングしてきて食べさせる）、外敵からの防衛、降雨後の排水作業など、あらゆることを一人でやってのけなければならない。ぼくは女王バチが幼虫のエサ探しに巣を離れるたびに、彼女の身が心配でならなかった。小さな姿が高く舞い上がり、溶けるように上空に消えていくと、どうか無事に戻ってこられますように、これが見納めとなりませんようにと、手を合わせるような心境で見送った。

ぼくはその頃、自宅から車で三十分ほどの場所にもフタモンアシナガバチの巣を見つけていた。すでに育室がいくつも作られており、巣の季節消長を見せる撮影には使えなかったが、その他のさまざまな撮影に使える巣が、近所にも一つは欲しいと思っていた。しかし車で三十分というのは、近所とも言えない中途半端な距離である。ぼくは、知識としては知っていた「巣の移設」を試してみようと思い立った。成功するかどうかは賭けである。

深夜になるのを待ってその場所に行き、巣がついている枯れ草の茎ごと大きなビニール袋をかぶせ、その枯れ草を剪定ばさみで伐り取った。車に積んで、すでに決めていた自宅近くの移設場所に戻る。巣の中の幼虫や卵が大事な女王バチは、ビニール袋の中でも巣から離れることなく、しがみつくようにして子供たちを守っていた。ライトはつけずに、月明かりで作業する。巣のついた枯れ草の茎を、女王バチを驚かさないようにそっと川の土手の土に挿して、巣の移設はひとまず完了した。あとは翌朝、女王バチが巣を離れる際に、慎重に巣の位置を再確認してくれるかどうかである。「いつもの感じ」で出かけてしまう慌て者の女王バチも中にはいるらしく、そうなると巣に戻れなくなって、巣の移設は失敗に終わる。慎重な女王は、環境が激変したことを夜明けとともに察知し、巣の周辺をぐるぐると飛んで周りの環境を記憶してから巣を離れるらしい。人為的干渉や刺傷事故の防止という観点からも、移設場所は周囲からわかりにくい位置にあった。この女王バチが慎重派であることを祈るばかりである。次の日の晩、勤務を終えて帰宅したぼくは、急ぎ足で移設場所に向かった。女王の姿が見えたら成功である。

……いた！　今日もエサ集めの外勤に出かけたに違いないが、彼女はきちんと巣に戻ってこられたということである。この巣は、強風で支柱の枯れ草ごと吹き飛ばされてしまうまでの数週間、図鑑に使ういくつかの撮影を成功に導いてくれた。

並行取材していた三つの巣だが、スペアの二つは、働きバチ誕生までいかなかった。事故にあったのか、女王バチが戻ってこなかった巣が一つ。あとの一つは、雨に叩かれて巣のついていた草ごと地面に倒れてしまい、再建は不能であった。脆弱な草で営巣を開始したことが巣の致命傷となってしまった。しかし、メイン取材の巣は六月に働きバチが誕生し、八月のピーク時まで発展を遂げ、「フタモンアシナガバチの巣が完成するまで」を、ぼくはファイナルステージまで完全に撮り切ることに成功した。河川敷で女王バチと二人きりの時間を共有した二か月間。巣の背後に常に見えていた川面のキラキラが今もなお忘れられない。

カメラとの出会い

ぼくが昆虫の魅力に目覚めたのは小学校に上がる前だが、カメラとの出会いはすこぶる遅く、初めて一眼レフカメラを買ったのは大学三年生の十一月だった。特に決意や目標があったわけではなく、「好きな虫でも撮ってみるか」ぐらいの軽い気持ちだったが、外はすでに肌寒く、虫たちが次々に姿を消していく季節だったことをよく覚えている。当時のカメラはまだフィルムを使う方式だったが、一本目のフィルムから今とそれほど変わらないレベルの写真が撮れてしまい、ぼくは自分がこの分野に適性を持っていることに気づいた。そして、学生時代には夏があと一回しかないことを非常に残念に思った。この道へ進みたいという思いがふつふつと湧き上がってきたが、わずかひと夏の修行ではどうしたって間に合わないと思ったからである。

大学四年生となり、就職の準備を始めなければならなかったが、日々ぐんぐん上達していく昆虫の撮影が楽しくてたまらず、就職のことは先延ばしにしていた。ところが八月のある日、母が庭にいたぼくを呼び、「今、ニュースで就職活動の解禁日だと言ってたけど、信夫はどうするの？　ネクタイ締めた大学四年生がテレビにいっぱい映ってたよ。あれ、あんたの同級生じゃないの？　虫なんか追いかけてて、あんたは大丈夫なの？」とたたみかけるように言った。ぼくは不覚にも解禁日を知らずにおり、そう言われてひどく焦った。とりあえず内定はもらっておかないとまずい。ぼくは翌朝ネクタイを締めて大学の就職部へ行き、その足で午後から企業を回った。

一九八六年の夏は、まだバブル期のまっただ中で、ぼくはこの時代の豊かさにどれほど助けてもらったかわからない。適当に三社を受けてみたが、なんと一つも落ちなかった。就職解禁日をテレビのニュースに（しかも母親経由で）知らされ、その晩、父にネクタイの締め方を教わり、翌日に就職部の壁に貼られている求人票を頼りに会社訪問し、あっという間の内定確保である。母は、「バカのように見えても、やっぱりウチの息子は優秀だ」と喜んでいたが、ぼくの周囲で就職試験に落ちたという話は一度も聞いたことがない。「受かって当然」、そんな時代だったのである。

二社にはていねいにお断りを入れ、長期の夏休みが取れそうな大学職員（それが誤解だったことは二十六ページに書いた）という仕事を選び、「これでモラトリアム期間が延長になったぞ！　昆虫写真修業は来年以降もできる！」と安心して、残り少ない夏を再びカメラを持って虫を追いかけた。ぼくは大学職員として就職部に配属されたことは一度もないが、今思えばそれでよかったのだと思う。バブル期が去ったあと、学生たちが「何十社回っても内定が取れない」とこぼす就職氷河期が訪れるが、就職で何ひとつ苦労していないぼくには、そうした学生の相談に親身になって対応することはできなかっただろう。

話が逸れたが、ぼくの撮る昆虫写真は当初からまずまずのレベルで、夏が終わる頃には、これなら図鑑に載せてもそれほど見劣りしないのでは……と思えるほどになっていた。被写体が何であれ、写真を作品として完成させるには、ピント、露出（明るさの調整）、フレーミング（構図）、タイミング（シャッターチャンス）、ライティング（照明器具の使いこなし）など、共通するいくつかの評価項目がある。ライティングに関しては、当時は素人同然だったものの、ぼくのフレーミングは当初から完成されており、まだ若くて目も反射神経も衰えていない分、ピントとタイミングは今よりむしろよいと言えるほどだった。

フレーミングがよいというのは、「虫屋」としての経験値から来るものだろう。いつも虫を見る視線が、意識せずともその虫を魅力的に見せる「萌え」アングルであったり、似ている種とのわずかな識別点を見通せる角度であったり、カメラなしでも、すでに最適なポジションから虫を見る訓練ができているのだから、あとはその位置でシャッターを押すだけなのである。「カメラが先で虫があと」

アブラゼミのおしっこ

フィルムカメラでは何百枚撮影しても、成功したかどうかその場では確認できない。不安のあまり、10本以上のフィルムを使ってしまうこともあった。当時、フィルム1本の価格と現像料金は合わせて1500円以上にもなったので、泣きながら連写したことを思い出す。

（もともと写真が好きで、昆虫をあとから被写体に選んだ）という人は、こうした部分での苦労もあるらしいが、ぼくのように「虫が先でカメラがあと」というケースは、最初から大きなアドバンテージを一つ身につけていると言えるのかもしれない。

時代は変わり、フィルムカメラは完全にデジタルカメラに取って代わられるようになった。デジタル・ネイティブの世代のプロ写真家も誕生しており、フィルムカメラを使ったことのない人も珍しくなくなった。昆虫写真は、デジタル化による恩恵が非常に大きいジャンルだったと言えるだろう。三十六枚（標準的なフィルムの撮影可能枚数は三十六枚だった）でフィルムを巻き戻し、新たなフィルムを装填（そうてん）するまでの間にシャッターチャンスを逃すこともなくなったし、何より、撮影の成功・失敗がその場でジャッジできるメリットは計り知れない。たとえば、「セミのおしっこ」を撮影しようとすると、フィルム時代は、撮影が成功したかどうか何百枚撮ってもその場では確信が持てなかった。おしっこがピュッと出るのを目にしてからシャッターを押しても当然間に合わないし、また、一眼レフカメラの構造上の欠点として、撮影の瞬間はファインダー内が真っ暗になる（ブラックアウト）ので、そのブラックアウトの間におしっこの撮影がぶじ成功していても、それを現場で確認する方法がないのである。

そんなわけで、「セミのおしっこ、フィルム十本！」、そういう世界だったのが、デジタルカメラでは撮影の成否が早々に確認でき、必要以上の「無駄撃ち」をせずに、安心して仕事を終えて帰ることができるようになった。二〇〇四～二〇〇五年頃に写真家たちのデジタル機材化が急激に進んだが、現像所通いが必要なくなったことで自然写真家が都会を捨て、続々と田舎へ移り住んだのもこの頃である。

オオミズアオ――二つの死

春もそろそろ終わりという暖かい晩のことである。カメラを持ち、虫の姿を求めて雑木林を歩いていると、やぶの中で青白い影が激しく揺れているのが見えた。ライトを向けると、一匹の大きな蛾(が)がクモの網に絡まってもがいていた。オオミズアオである。手のひらほどもある大型種で、月光のような青白いはねの色から、Moon moth(ムーンモス)(月の蛾)の英名を持つ。網のあるじのクモは、あまりにも巨大な獲物に手を出しかねているようだった。時おり接近を試みるものの、激しく羽ばたいて反撃されると、すぐに飛びのいて安全圏に退避する。オオミズアオは死にもの狂いで暴れていたが、クモの巣を引きちぎることはできないようで、このまま力尽きるのは時間の問題だった。天寿を全うできないオオミズアオを不憫に思ったが、クモからせっかくの獲物を取り上げてしまうのは、もっと気の毒である。ぼくはこの現場に何ひとつ介入せずに、静かにその場を去った。

クモの網にかかったオオミズアオ
右手にクモの姿が見えるが、あまりにも巨大な獲物に手を出しかねていた。
（※ 関連写真をカラーページに掲載）

このような天敵による捕食を除けば、自然界で昆虫の死の瞬間を目撃する機会はめったにあるものではない。寿命が尽きるまさにその瞬間に立ち会うケースなど、ほとんどないと言ってよいだろう。ところがそれから一か月後、ぼくは別のオオミズアオの、そんな死の瞬間に遭遇することになった。春に発生した第一世代のオオミズアオがそろそろ死に絶え、第二世代の幼虫の姿が枝先に見え始める頃である。

幼虫が食べる植物の種類が豊富なオオミズアオだが、ぼくは経験的にハナミズキは本種に好まれる樹種だと認識しており、街路樹としてハナミズキが植えられている場所を通りかかったある日の夕方、幼虫の姿でも見えないかと枝先をチラチラ気にしていた。幼虫は見つからなかったけれど、一本のハナミズキの下に、ぼろぼろになったオオミズアオの成虫が横倒しになっているのが見えた。近寄ってみると、触角の特徴からメスだとわかった。もう死んでいる？　いや、彼女は痙攣（けいれん）するように、小さく羽ばたいていた。はねはぼろぼろだけれど、体がつぶれたりはしていない。踏まれたり、車に轢（ひ）かれたのではなさそうだった。それがハナミズキの真下に横たわっていたということは……？

おそらく、このメスは、ハナミズキの枝のどこかに卵を産みつけ、力尽きてそのまま落下したのだろう。自分の役目を果たし終え、今まさに死にゆくところにぼくは出会ったのだと思った。命尽きるときの、厳粛な瞬間である。ぼくはこのオオミズアオの死に水をとってやるような心境で、最期の瞬間を見守ることにした。

細かく、かぼそく、震えるように羽ばたいている。その目は、沈む太陽を見ているのだろうか。それとも、自分が卵を遺した梢を見上げている？　二つの落日が同じ速度で進み、残照がすっかり輝きを失う頃、オオミズアオも動かなくなった。五分、十分、待ってみても、ピクリとも動かない。墓標のように立つ傷だらけの翼。ぼくは、そっと拾い上げてみた。なんという軽さ！　重責を全うした見事な死にざまであることが、手のひらを通じて伝わってきた。オオミズアオの体重が普通はどれほどのものか、ぼくはよく知っている。卵を産みつくした彼女のおなかの中は、もうすっかり空っぽなのだろう。

騒がしい街の、あわただしい夕暮れどき。通りすぎる人たちの誰の関心をひくこともなく、道路の片隅で、ひっそりと一つの命が閉じていった。

「幼虫萌え」の時代

日本には、まだ幼さの残る少女アイドルを大人が愛でるという文化があるが、最近は虫の世界でも大人になる前の幼虫が「萌え」の対象となり、ちょっとした「イモムシ・ブーム」が起きている。むろん、虫の世界のブームというのは、世間的にはコップの中の嵐に過ぎないが、イモムシ関係の本の好調な売れ行きを見ていると、虫屋の外の世界にもある程度「幼虫萌え」が認知されつつあるのではないかと思えるほどの勢いがある。

カマキリなどの幼虫は、はねがないという以外は成虫の小型版といった印象で、このような「赤ちゃんカマキリ」に萌えを感じるという構造は非常にわかりやすい。しかし、現在の幼虫ブームを牽引するのは、成虫と幼虫とが似ても似つかぬチョウや蛾の幼虫である。昆虫の成長スタイルには、幼虫が脱皮していきなり成虫になるタイプ（カマキリやセミなど）と、幼虫から蛹の時代を経て成虫になるタイプ（チョウや甲虫など）とがあるが、後者は蛹の中で体の構造を根本的に造り変えてしまうので、蛹から出てきた成虫には幼虫時代の面影はない。昔は、「みにくいアヒルの子」がやがて美しい白鳥になるという童話よろしく、まがまがしい姿のイモムシが蛹の時代に過去をリセットして美しいチョウに生まれ変わる、というわかりやすいサクセスストーリーが受けていたが、今ではむしろイモムシ時代の姿が支持を集め、「愛らしい」ともてはやされているのだから、何がきっかけで人気が逆転するかわからないものである。

確かに、蛹の時代に大変身を遂げるタイプの虫の幼虫時代には、「未熟な姿」と単純に決めつけることのできない不思議な魅力がある。イモムシやケムシの個性豊かな存在感は成虫に少しも引けを取ることなく、幼いながらも見事に「キャラが立っている」と言えるだろう。ひよこは明らかにニワトリの未熟な姿だが、イモムシはチョウの未熟な姿というより、これはこれで生きものとして一つの完成形のようにも思える。成長して蛹や成虫になってしまうのはもったいない、いつまでも今のままでいてほしい……という、少女アイドルに大人が抱く幻想のような心理が働くのも無理からぬことであるのかもしれない。

空前の（?）イモムシ・ブームは、思いのほか女子ウケがよかったことが人気の拡大を後押しし、ファン層の裾野を広げている。昨今は「虫ガール」自体が増加傾向にあるが、「虫屋」とひとくくりにできないほど、男女間では大きく嗜好が異なる。男性の虫屋は、多くがコレクションとして標本を収集することに情熱を傾けるが、女性の虫屋は、標本作りにはほとんど興味を示さない。その代わり、虫を飼うことが好きである。飼育し、育てることを志向する層とイモムシの相性はすこぶるよい。

昆虫の成虫は、「生殖世代」と呼ばれるように次世代を残すためのステージであって、エサを食べさせても一ミリも成長しない（大きさが確定した姿が成虫である）。ところが幼虫は「栄養世代」と呼ばれるように、ひたすら食べて大きくなるのが仕事であり、成長過程のまっただ中にある。自分が与えた葉っぱを「待ってました！」とばかりにもりもり食べて成長する幼虫の姿はとても愛おしく、見ていると心が癒やされるのだそうだ。ぼく自身、「女子力が高い」ということでもなかろうが、昆虫を愛でる視線は完全に「女子寄り」に振り切れており、標本を作る機会はめったにないものの、この三十年間で家に飼育昆虫がいなかった期間は一日もない。

昆虫カメラマンとして、生きた虫を撮る必要性もあったとは言え、ぼくは写真家仕事とは無関係におそらく趣味としても虫の飼育はしていただろうと思う。多くの女性虫屋が言うように、自分が与えたエサを夢中になって食べてくれる姿は非常に心癒やされるものであるし、自分がセッティングした飼育環境の中でやがて繁殖でもしてくれたなら、その「受け入れてもらえた」という充足感は、自分の中の承認欲求がすっかり満たされてしまうほどである。アニマルセラピーならぬ、「昆虫セラピ

「イモムシ萌え」の人のための本

上段左から、『キモカワ！イモムシ超百科』（ポプラ社）、『庭のイモムシ・ケムシ』（東京堂出版）、『癒しの虫たち』（repicbook）、下段左から、『NEO POCKET イモムシとケムシ』（小学館）、『イモムシハンドブック』、『昆虫の食草・食樹ハンドブック』（いずれも文一総合出版）（※ 関連写真をカラーページに掲載）

ー」ということなのであろう。

イモムシは多くの場合、種によって決まった植物（食草・食樹と言う）の葉しか食べない。植物は、葉を食べようとする昆虫に対してそれぞれが防衛戦略としての忌避物質を持っていることが多く、昆虫がその忌避物質を克服するには多大なコスト（長い時間と多くの犠牲者）がかかる。何でもかんでも食べようとするよりは、特定の樹種に絞ったほうが低コストで済むのである。だから、その樹種を知っておくことは「昆虫セラピー」を享受するには絶対必要な前提条件であり、家に庭がある人は、そうした木を植えておけば、お目当てのイモムシが向こうからやって来てくれることもある。ミカンの木にはアゲハ、キャベツにはモンシロチョウ、といった知識は教科書を通して多くの人に共有されているが、魅力的なイモムシであるオオムラサキはエノキに、同様にスミナガシはアワブキにといったように、イモムシ本で写真を見て「萌え」を感じた幼虫の食草・食樹を覚えておくと、出会いのチャンスは飛躍的に高まるだろう。

一人じゃ行けないフユシャク取材

冬の夜、音もなく林間を舞う蛾がいる。その名もフユシャク（冬尺）と言い、このグループ（※）に含まれる蛾は、日本では三十六種類が知られている。いずれも幼虫時代はシャクトリムシ（尺取虫）と呼ばれ、「冬尺」の「尺」は、尺取虫の尺である。ほかの昆虫が活動を停止する低温下で活発に動き回り、雌雄が出会って繁殖を行うという変わり者だが、クモやカマキリなどの恐ろしい敵が姿を消す時期をねらって出てくるということは、彼らなりの一つの戦略なのだろう。「低温への適応」という一芸に活路を見出した彼らにとっては、冬こそが「わが世の春」なのである。

フユシャクの仲間は、オスは平凡な蛾だが、メスははねが退化していて飛べないという特徴を持つ。はねがまったく存在しない種から、貧弱なはねを持っている種まで、退化の度合いはさまざまだが、メスが飛べないことは各種共通である。だからオスが森の中を飛び回り、嗅覚を頼りにメスを探し出す。はねを欠いたメスの姿は、蛾とも思えないような異形の存在だが、「虫のくせに冬が最盛期」ということではキャラが立っており、お話として意外性もあるため、昆虫の本づくりをする編集者からの人気は高い。本に掲載する機会が多いということは、写真を提供する側の昆虫カメラマンにとっては、「撮っておかなければならない虫」ということになる。

ところがぼくは、「寒さにくじけて取材に行けない」という、ここでも安定のヘタレっぷりで、誰かに誘ってもらわなければ家から一歩も出られない。こうして書いていても情けないが、まだ一度も一人でフユシャク取材に行ったことがないのである。玄関を開けて、冷たい外気が入ってきたとたん、心がポキンと折れて足が勝手にUターンしてしまう。だから、「フユシャクを見に行きませんか?」と虫仲間に誘ってもらうと、毎度うれしくて仕方がない。「○○さんと約束しちゃったから、今日は行かなきゃいけないなあ……」という気持ちが背中を押してくれ、ようやく夜の森へ出かけて行こうという気になるのである。

そんなわけで年末のある日、ぼくは防寒着を着込み、三枚重ねのネックウォーマーに首を絞められながら、まだ明るいうちに家を出た。フユシャクの主な活動時間帯は夜だが、明るいうちに現場を下見しておくと、夜間の観察がいっそう安全・確実なものとなるのである。待ち合わせ場所に着くと、すでに何人か到着しており、今日は六人来る予定だという。そうか、やっぱりみんなもぼくと同じで、

▲サクラの幹にいたチャバネフユエダシャクのメス
堂々たる大きさと、白地に黒ぶちの模様から、「ホルスタイン」の愛称で親しまれるフユシャク界のスター。

◀交尾するナミスジフユナミシャク（上がメス）
雌雄でまったく異なる姿をしている。冬に現れる36種類の蛾が、メスのはねを退化させるという同じ戦略に収斂（しゅうれん）した。多くのフユシャクは口も退化し、エサも食べない。幼虫時代に蓄えた栄養だけで成虫期を生き抜き、子孫を残し、そして死んでいく。（※ 関連写真をカラーページに掲載）

一人じゃ行けないんだな、と都合よく解釈して、「ヘタレは俺だけじゃない！」という、劣等生流の自己欺瞞にほくそ笑む。

森に入ると、すでに現場を一周してきた「蛾屋」のWさんに、「ここにナミスジフユナミシャクのメスがいます。あちらには、クロバネフユシャクのオスがいますよ」と教えてもらう。ぼくだって虫を探すことにかけては目利きの方なのだが、本職の蛾屋さんの目というのはもう別次元のスペックで、感心するというより、ほとんど呆れてしまう。「どうしてこれが目に入るの？」と、いつもならぼくが一般の人に言われることばを、気がつけば自分で発してしまっている。

優秀な蛾屋さんのおかげで、「昼の部」もしっかりと収穫が得られ、みんな満足感いっぱいで現場からいったん引き揚げる。ファミリーレストランで早めの夕食をとり、日暮れとともにここへ引き返す計画である。小一時間の休憩は、後半戦に備えて再び体を温めておくという意義も大きい。電車で来たぼくは、「酒気帯び取材」でピントが怪しくならないように注意しながら、お酒の力も借りて体を温めた。ここからが本番で、いよいよ「夜の部」のスタートである。

西の空の残照が弱々しく濃紺の空に溶けていき、深まりゆく闇の中で冷気が育ちはじめると、夜はしんしんと冷え込んでいく。六本のライトが思い思いの木を照らし、光芒の中にお目当ての蛾の姿を探す。「クロスジフユエダシャクが産卵しています」、「お！　この場所では珍しいイチモジフユナミシャクがいましたよ」、とWさんが次々に見つけてくれるが、ぼくにはなかなか見つけられない。虫仲間のありがたさが身にしみる。

この日は、ぼくとしてはチャバネフユエダシャクのメスが一番の目標だったが、目利きの蛾屋さんをもってしても、四時間を超える探索で発見することができなかった。ほかのフユシャクはたくさん見られたし、残念だけどまあいいか……と諦めモードになりかけていたとき、ぼくの位置からはすでに見えない隊列の先頭から、「いたぞ〜！」と叫び声が上がった。それっ！　と坂を一気に駆け上がって、ようやく先頭に追いついた。行きがけに一度確認したはずの苔むしたサクラの幹である。初めて見るチャバネフユエダシャクのメスの姿がそこにあった。

正式名称よりずっと有名な、通称「ホルスタイン」。存在感たっぷりの大型種で、白地に黒のぶちのある姿を乳牛に見立て、蛾屋さんたちは親しみと敬意を込めて本種のメスをホルスタインと呼ぶ。百四ページに載せたナミスジフユナミシャクのメスと並べて撮った写真で、その迫力がおわかりいただけるだろうか。大きいと言っても体長は十五ミリほどだが、ナミスジフユナミシャク（約九ミリ）の方が平均的な大きさで、フユシャクというのは、かように地味で小さく、目立たない虫なのである。最後の最後に大きな目標を達成するというドキュメント番組さながらの展開で、ぼくとしてはホクホクの一日となった。

オスとメスの形状が著しく異なることを「性的二型（せいてきにけい）」と言い、ツノの有無で雌雄を見分けるカブトムシなどが有名だが、フユシャクの雌雄も、知らなければ同種とは思えないほどの形態差がある。メスのはねが退化して飛べない理由としては、卵を腹に抱える身重のメスに低温下で余計な体力を使わせないためとか、はねをなくすことで表面積を小さくし、熱が奪われないようにするためなど、「冬への生存戦略」としての説がいくつかあるが、本当のところはフユシャクに聞いてみないとわからない。今日が初対面のホルスタインに、まだ何かを語らせることはできないだろう。

五時間にも及ぶ真冬の虫探しで体こそ冷え切ったものの、それだけにすばらしい虫仲間の温かさがひときわ身にしみて、一年の締めくくりの昆虫観察としては忘れられない一夜となった。

※ 分類学上の仲間分けではなく、冬に活動するシャクガ類の総称であり、フユシャクの中には、フユシャク、エダシャク、ナミシャクの三つの亜科が含まれる。

擬人化思考は「推察の深化」を促す

親子を対象とした講演会や観察会のあとで、著書販売とサイン会のコーナーを設けてもらえる場合がある。ぼくには、虫と一緒に自撮りした『虫とツーショット』という写真絵本があるが、親子でこんなに評価が分かれる本はほかになく、子供が欲しがる本としては一位だが、親が買ってやりたい本は絶対にこれではない。「○○ちゃん、こっちはどう?」などと別の本へ誘導し、何とか諦めさせようとするが、どうしても『虫とツーショット』がいいと言い張る場合は、さすがに作家本人の前で「そんなくだらない本はダメ!」とも言いにくいのか、子供の粘り勝ちということもある。

親の立場としては、どうせお金を使うなら、楽しいだけの本ではなく、ある程度はそこに学習の要素を求めたいということなのだろう。気持ちはわかる。不細工なオッサンが虫とたわむれているだけの写真絵本など、理科の教材としてはひとかけらの値打ちもない。子供を読書好きに育てるには、

「子供が欲しがる本と、親が読ませたい本を一冊ずつ買い与えるのがよい」、という絵本専門書店の店員の談話もあるが、さすがにぼくの口から「もう一冊買って行けばどうか」とも言えない。

『虫とツーショット』は、理工書とか、ノンフィクションとか、書店も配架ジャンルに悩むような特異な立ち位置の本であり、単体では確かに学習に直接的な貢献をする本ではない。しかし、虫を擬人化して捉える視点を養う効果はおそらくあるのではないかと思う。

「生物を理解する上で、擬人化は科学的思考と真っ向から対立する」というのはどうやら古い考え方のようで、子供たちを対象とした最近の研究では、擬人化思考が「推察の深化」を促すものであることが示唆されている。動物行動学者の小林朋道博士は、「擬人化は、子供たちが生物についての理解を拡大していくうえで、強力なサポート機能を果たしているようだ」（※）とまで言っており、理科的なアプローチを始める前の段階で擬人化思考に親しみ、虫の行動の根拠を直感的に捉える感性を養っておくと、その後の理解もいっそう深まるのではないかとぼくは思っている。

観察会などで、子供たちと直接ふれあえる機会はとても楽しいが、責任も重大であり、ぼくの何気ない一言で虫が好きになってくれるかもしれないと思う半面、不用意な一言が虫から遠ざけてしまうことになりはしないかと思って心配にもなる。子供というのは、学年が二学年ぐらい違うと理解力もまったく異なるし、上に兄姉がいるかどうか、親のスタンス、そして何より本人の虫への興味の度合

夏休みの講演会にて
冷房の効いた室内でスライドショーを見せながらお話しして、外へ出て観察会。その後、また室内に戻って汗を乾かしながら残りのお話を聞いてもらい、質問コーナーを終えて最後に本の著者販売とサイン会がある、という流れである。

いによって、あるべき接し方は千差万別である。だから指導といっても画一的であってはならず、「介入すべき度合い」の見極めはなかなか難しい。しばらく雑談する余裕があれば、その子にどう接すればよいかも見えてくるが、参加者の子供たち全員にそういう時間が取れるケースばかりではなく、どうしても「聞かれたことに答えてあげる」だけの対応になりがちである。

とはいえ、あまり心配しすぎても接し方が不自然になってしまうので、「虫の身になって考えてみると、きみならここでどうすると思う?」という擬人化視点で語ることと、虫に直接触れてもらうこと、そして、観察記録をつけましょう的な「アウトプットを求めない」ことだけを基本方針にしている。アウトプットのために記録を取らせようとすると、どうしても計量化・数値化しないと見映えのする「研究」にはならないが、折れ線グラフを書くためだけに虫を見るような視座には誘導したくないのである。むろん、自発的にそういうことをしたがる子供なら、それはその子の適性なのだから、どんどんやればよいと思う。夏休みに行われる講演会では、親御さんの気持ちも汲んで自由研究のヒントを話すこともあるが、「宿題のこなし方」みたいな話にはならないように、「虫ってすごいんだね!」と思ってもらえるアプローチに徹している。

ぼくは学者でも教育者でもなく、虫屋の世界の先頭集団の一員でもない。子供たちを虫の世界に招待するための「後方支援」部隊であると自認している。「昆虫そのものより、昆虫少年(少女)の方が絶滅危惧種になってしまったね」と言われるようになって久しいが、自分が子供たちに提供できる範囲のサポートをしっかり行った上で、学者なり、先頭集団なりへのつなぎ役が果たせればしあわせだと思う。

※『先生、脳のなかで自然が叫んでいます！——［鳥取環境大学］の森の人間動物行動学・番外編』小林朋道著（築地書館）

やがて「春」が来て

今の職場で何度、季節の移り変わりを見てきたことだろう。大都会のど真ん中で、冷暖房完備のオフィスの中にいても、ぼくは日々かすかに季節の動く気配を感じていた。心は常に野にあったからである。窓越しの青空を見上げながら、いま自分がいるべき場所はここではないと、何度ため息をついたかわからない。雨の日や冬の間はまだいい。しかし春がまた訪れ、雲ひとつない青空が広がると、いまこの瞬間に野で起きていることを想像しては、そこに立てない自分に悶々としていた。同じ大学の先輩である古舘伊知郎さんの著書に、『晴れた日には、会社をやめたい』というタイトルの本があるが、(それはおれのことだよ、古舘さんは実にうまいこと言うなあ……)と、感心しきりであった。

青空の下(もと)で昆虫を追いかけたいという純粋な思いのほかに、きっと朝から野にいるはずのフリーランスの昆虫写真家たちに、この瞬間にも刻一刻と遅れをとりつつある、という焦りも大きなプレッシャーとなってぼくにのしかかる。フィールドに一日いれば、本に使える程度の写真なら、軽く百カット以上の収穫があるだろう。月曜から土曜までの六日間なら、数百カットの差がついてしまう（ぼくの職種は、土曜日は休みではない）。日曜日だけのフィールド取材では、その差はどんどん広がっていくばかりだ。年単位ならば、おそらく数万カットの差がつくのではないだろうか。

年次有給休暇の残りを計算し、その範囲でやりくりするのも、だんだんしんどくなってきた。兼業カメラマンは預金通帳の残高に心を痛めたことはないが、「時間の残高」には、常に胃がキリキリと絞られるほどのプレッシャーがかかっている。（もう、勤めは辞めようか）、（いや、早まるな、慎重に考えよう）、（もういいだろう、著書も二ケタに達したし、十分やっていけるだろう）、（辞めるのはいつでもできる。結論を出すのはもう少し先にしよう）、そんな自問自答を何百回、心の中でくり返したかわからない。読者のみなさんは、この自問自答のくだりを読むだけでもドン引きで、（この人は本当にビビリなダメ人間なんだなあ……）と呆れられたのではないだろうか。多少のヘタレは、愛すべきキャラということに収まるが、ぼくのヘタレっぷりは、自分でもシャレにならないレベルだと思っている。「ミスター・腰くだけ」「ゼロ・チャレンジの天才」「稀代の根性ポンコツ男」、すらすら出てくる自分のキャッチフレーズは、そんなのばっかりだ。

ぼくの職場は定年が遅いので、勤めようと思えば、この先まだ何年もある。しかし徹夜明けで出勤するのにも、そろそろ肉体的に無理がきかなくなってきた。「月間十三回の徹夜撮影を行い、その月の休暇はゼロ」（四十六ページ）、なんていう生活は、当時まだ三十八歳だったからできたことであり、いま同じことをやったら、おそらく死んでしまうだろう。

この本を書いている現在は二月で、昆虫の姿は少なく、ぼくの一年間の「疲労回復期間」みたいな時期だが、あと一か月もしないうちに、また春の気配が感じられるようになる。そうなると、また心がざわざわしはじめる。レイチェル・カーソンの本とは別の意味で、オフィスで迎える春は「沈黙の春」だ。ミツバチの羽音も、ここまでは聞こえてこない。

「にぎやかな春」をわくわくしながら迎えるには、どこかで、ちゃんと決断しなければいけないんだろうなあ……。通勤電車に揺られながら、そんなことを今日も考える。もしかしたら、ぼくはまだ「本当の春」にさえ、出会っていないのかもしれない。

やがて春が来て

ふがいない自分にコンプレックスを抱いていると、このように自立した１本のツクシにさえ、引け目を感じてしまうことがある。

おわりに

最後までおつきあいいただきましてありがとうございました。本書はぼくにとって初めてのエッセイ集で、昆虫とそれを取り巻く世界について、そして兼業カメラマンとして過ごす日々について、感じていること、考えていることなどを取りとめもなく語ってみました。

昆虫はどこにでも生息しており、日本国内だけでも三万種以上が知られています。ひとたびその面白さに気づけば、ほとんど際限なく楽しむことができると言えます。動物たちのワイルドライフを見るための海外ツアーはなかなか手の出せない高額な旅行商品ですが、ちょっと縮尺補正をかけてやれば、昆虫の世界で起きていることはサバンナやジャングルにおける動物たちの日常と同じです。野に出て自分の足もとを見つめれば、そこには壮大なスケールの生命の営みが、たやすく観賞できる大きさで展開されていることに気づくでしょう。ドラえもんの「スモールライト」を浴びたつもりで小人になりきり、その「小人目線」で昆虫の世界を仰ぎ見ると、原っぱはサバンナに、茂みはジャングルとなり、やがてカマキリが猛獣に見え、トンボが猛禽(もうきん)の力強さで迫ってきます。こうなればしめたもので、以後はなじみ深い場所や退屈な日常がとてつもなくドラマチックなものに見えてくるはずです。庭やいつもの散歩道でさえ、見方が変われば野性味たっぷりの刺激的なミラクルワールドに生まれ変わる。自然を見つめる視座の中心に昆虫を据えるだけで、高価な海外ツアーと同じほどの興奮を近所の原っぱで味わえるのですから、こんなにおトクな話はないと思います。

そんな昆虫の世界を「兼業カメラマン」として撮影するぼくの毎日は、これはこれで面白がることができたなら人生がますます豊かなものとなりそうですが、残念ながらその境地にまで到達することはできていません。二つの仕事に追われるだけのドタバタ劇のような毎日を送っています。カメラマンに限らず、フリーランスとして身を立てるのは非常に格好よい生き方ですが、リスクを取る勇気が必要になります。世の中、自分に自信がある人ばかりではないと思いますが、これまではリスクを取ってフリーになるか、それとも夢を諦めるか、「究極の二択」しかありませんでした。そんな中に、ぼくのようなフリーになる勇気も覚悟もない人間が、サラリーマンという身分のままそこそこやれているという体験談は、ぼくと同じような「ヘタレ属性」(?)の人にとっては、なにがしかのヒントとなる部分があるかもしれません。近年の景気の低迷や、政府の誘導もあり、「兼業」、「副業」を正面から認めるという会社も続々と増えてきており、これからは兼業というスタイルでの、ひと回り小さな夢のかなえ方も、選択肢の一つになっていくでしょう。

勇気や覚悟を持ち、まっすぐに生きている人には、「このふがいないオッサンは何やねん！」と、ツッコミたくなる内容だったかもしれないと思っています。王道を行くことができる人は、もちろん絶対に王道を行くべきだと思います。ぼくは人生の中で勝負をかけるべき場面で、毎回それをせずに撤退してきたようなダメ人間であり、「こうなってはイカン」とか、「自分の方が三割ぐらいマシ」といった視点で読んでいただくのも一興かもしれません。もうすでに、この本で情けないヘタレっぷりを余すところなく露呈してしまったわけですから、遠慮なくぼくに対してマウントを取っていただいて構いません。

こんな残念な人間でも、向上心がスッカラカンというわけではなく、ちょっとずつは進歩していきたいと思っています。昆虫は変わるタイミングが決まっているけれど、人はいくつになっても変われると思いたいです。

本書の制作に当たっては、編集担当の黒田智美さんや、企画をお認めくださった築地書館の土井二郎社長、また、ぼくのような落ちこぼれ職員の兼業を許してくれている職場の関係者、そしていつも仲良くしてくれる全国の虫屋のみなさんの温かいご支援なしには、ここまでまとめ上げるのは難しかったと思います。この場をお借りして、厚くお礼を申し上げます。

森上　信夫

ご協力いただいた皆様（五十音順）

新井麻由子氏（日本昆虫学会会員）
奥山清市氏（伊丹市昆虫館館長）
北川吉隆氏（小学館図鑑編集部）
阪本優介氏（日本蛾類学会会員）
鈴木知之氏（昆虫写真家）
長畑直和氏（日本昆虫協会会長）

埼玉昆虫談話会
世田谷区立桜丘すみれば自然庭園

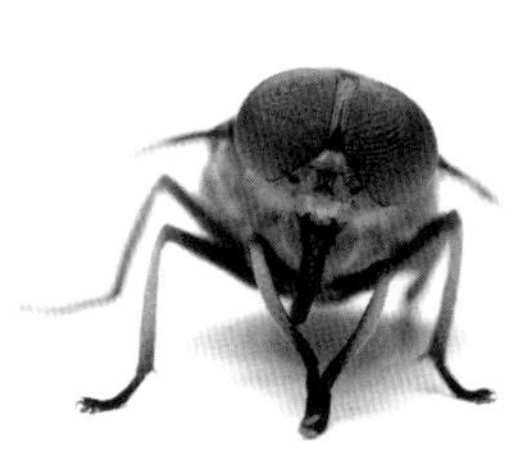

昆虫写真索引（本書掲載の昆虫写真はすべて著者撮影）

著者紹介

森上 信夫（もりうえ・のぶお）

1962年埼玉県生まれ。フルタイムのサラリーマンとの兼業昆虫写真家。

昆虫がアイドルだった昆虫少年がカメラを手にし、そのアイドルの“追っかけ”に転じ、現在に至る。1996年、「伊達者（だてもの）競演－昆虫のおなか」で、第13回アニマ賞を受賞。全16点の受賞作（アリス館『虫のくる宿』に収録）は、背景が黒い「黒バック」の昆虫写真であったが、最近は背景が白い「白バック」の撮影に取り組んでいる。

日本昆虫協会会員、埼玉昆虫談話会会員。立教大学卒。

■著書

『虫のくる宿』（アリス館）
『虫・むし・オンステージ！』（フレーベル館）
『虫とツーショット―自撮りにチャレンジ！ 虫といっしょ』（文一総合出版）
『散歩で見つける 虫の呼び名事典』（世界文化社）
『ポケット版 身近な昆虫さんぽ手帖』（世界文化社）
『調べてみよう 名前のひみつ 昆虫図鑑』（汐文社）
『樹液に集まる昆虫ハンドブック』（文一総合出版）
『昆虫の食草・食樹ハンドブック』（文一総合出版：共著）
『オオカマキリ―狩りをする昆虫』（あかね書房：共著）
『ウスバカゲロウ』（ポプラ社：共著）
『小学館の図鑑NEO　昆虫』（小学館：共著）
『川辺の昆虫カメラ散歩』（講談社：共著）

■ブログ

「昆虫写真家・森上信夫のときどきブログ」 http://moriuenobuo.blog.fc2.com/

オオカマキリと同伴出勤

昆虫カメラマン、虫に恋して東奔西走

2020年 8月10日 初版発行

著者 森上信夫
発行者 土井二郎
発行所 築地書館株式会社
〒104-0045 東京都中央区築地 7-4-4-201
TEL.03-3542-3731 FAX.03-3541-5799
http://www.tsukiji-shokan.co.jp/
振替 00110-5-19057
印刷・製本 シナノ印刷株式会社
装丁 秋山 香代子

 ISBN978-4-8067-1604-4

●築地書館の本

先生、脳のなかで自然が叫んでいます！

鳥取環境大学の森の人間動物行動学・番外編

小林朋道［著］　1600円＋税

自然の中での遊びがスムーズに学びに変化していく力の源を、著者の少年時代の体験から説きおこし、ヒトの精神と自然とのつながりを読み解く。

鳴く虫の捕り方・飼い方

後藤啓［著］　1800円＋税

マツムシ、スズムシ、キンヒバリ……美しい声をもつ鳴く虫21種。意外と知られていない、採集しやすい場所・時間・方法などの捕り方と、育て方を全公開。

子どものころから鳴く虫が大好きで、いろんな虫を採集・飼育してきた著者が、豊富な経験をもとに書き下ろし。

先生、大蛇が図書館をうろついています！

鳥取環境大学の森の人間動物行動学

小林朋道［著］　1600円＋税

コウモリは洞窟の中で寝る位置をめぐって争い、森のアカハライモリは台風で行方不明に！　自然豊かな大学で動物と人間を巡る事件を人間動物行動学の視点で描く。

虫と文明

螢のドレス・王様のハチミツ酒・カイガラムシのレコード

ギルバート・ワルドバウアー［著］　屋代通子［訳］

2400円＋税

ミツバチの生み出す蜜蝋はろうそくに、タマバチの作り出す虫こぶはインクの原料に、カイガラムシは美しい赤い染料となり、蚕の繭から絹が生まれる。

人びとが暮らしの中で寄り添ってきた虫たちのいとなみを、ていねいに解き明かす。